教育部大学计算机课程改革项目规划教材

C 程序设计精编

主审 孙淑霞

主编 肖阳春 魏琴 李思明

高等教育出版社·北京

内容提要

本书作为 C 语言程序设计课程的教材，共由 9 章组成。其主要内容包括：C 程序设计基础、分支结构、循环结构、函数、数组、指针、结构体、文件、综合案例。每章后面都有实验内容及指导，并配有一定数量的习题。全书以案例进行知识点的讲解，内容安排紧凑、简明扼要、由浅入深，尤其适用于学时少、内容不减的教学，一本教材涵盖了理论教学、实验教学和课后练习三方面的内容，为教与学提供了极大的方便。

本书可作为本科院校非计算机专业本科生、研究生的相关课程教材，也可作为计算机专业学生学习 C 语言程序设计的教材，同时还可作为自学者参考用书。

图书在版编目（CIP）数据

C 程序设计精编/肖阳春，魏琴，李思明主编. － －
北京：高等教育出版社，2019.9（2024.5 重印）
ISBN 978-7-04-052120-7

Ⅰ．①C⋯ Ⅱ．①肖⋯ ②魏⋯ ③李⋯ Ⅲ．①C 语言-
程序设计-高等学校-教材 Ⅳ．①TP312.8

中国版本图书馆 CIP 数据核字（2019）第 116151 号

策划编辑	刘　娟	责任编辑	刘　娟	封面设计	李卫青	版式设计	马　云
插图绘制	于　博	责任校对	刘娟娟	责任印制	赵　振		

出版发行	高等教育出版社	网　　址	http://www.hep.edu.cn
社　　址	北京市西城区德外大街 4 号		http://www.hep.com.cn
邮政编码	100120	网上订购	http://www.hepmall.com.cn
印　　刷	唐山嘉德印刷有限公司		http://www.hepmall.com
开　　本	850mm×1168mm　1/16		http://www.hepmall.cn
印　　张	13.75		
字　　数	290 千字	版　　次	2019 年 9 月第 1 版
购书热线	010-58581118	印　　次	2024 年 5 月第 3 次印刷
咨询电话	400-810-0598	定　　价	33.30 元

C程序设计精编

孙淑霞

肖阳春 魏琴
李思明

1 计算机访问http://abook.hep.com.cn/186048，或手机扫描二维码、下载并安装Abook应用。

2 注册并登录，进入"我的课程"。

3 输入封底数字课程账号（20位密码，刮开涂层可见），或通过Abook应用扫描封底数字课程账号二维码，完成课程绑定。

4 单击"进入课程"按钮，开始本数字课程的学习。

课程绑定后一年为数字课程使用有效期。受硬件限制，部分内容无法在手机端显示，请按提示通过计算机访问学习。

如有使用问题，请发邮件至abook@hep.com.cn。

扫描二维码
下载Abook应用

http://abook.hep.com.cn/186048

前言

　　程序设计课程一直以来都是高等院校重要的计算机基础课程之一，其重点是培养学生的计算思维能力，掌握程序设计的思想和方法，利用一种程序设计语言去编写程序解决实际问题，从而提高问题求解的能力。

　　C 语言由于其结构简单、数据类型丰富、表达能力强；既有高级语言的优点，又兼具低级语言直接操作计算机硬件的特点，使用灵活方便；其程序也具有速度快、效率高、代码紧凑、可移植性强等优点，一直以来被广泛地应用，也是很多高等院校作为程序设计课程的首选语言。

　　作者开设的 "C/C++程序设计" 课程先后被评为国家级精品课程（2008 年）和国家精品资源共享课（2014 年），经过多年的课程建设和教学实践，在教学内容、教学方法、教学手段和考试方法方面已经形成了一套行之有效的体系。针对目前 C 语言教学中学时少、教学内容多的情况，本教材以案例编写为主导思想，旨在通过具体案例教学达到举一反三的效果。

　　教材编写思路及其特点：

　　（1）每章精选若干案例进行知识点的讲解，强调编程思想，注重问题求解思维方式的培养，程序设计基本方法的引导。案例的选取不仅要考虑本章所涉及的知识，更重要的是突出程序设计思想的典型案例和有可进行举一反三的思考与练习题配套。

　　（2）不同于一般教材的编写思路，本书编写不再是大而全。本书内容简洁实用（适合课程学时少的教学需求），同时考虑到了知识点的覆盖面；本书采用新形态教材编写方式，读者使用手机扫描教材中的二维码即可观看到相关知识点的微视频。

　　（3）为了做到学以致用举一反三，每一章都提供了实验内容及指导，还提供了相应的习题，使教材更方便学生使用。

　　（4）每章每节的第一小节都给出一个案例，往后的各小节针对该案例中涉及的知识点及其算法进行讲解。

　　（5）容易出现的错误也分别在各章相应知识点处进行讲解。

　　（6）本书将理论教学与实验教学的内容合编一册，为教与学提供了极大便利。

　　本书由 9 章组成。每章的基本内容如下：

- 第 1 章 C 程序设计基础。介绍简单程序的编写。
- 第 2 章 分支结构。介绍分支结构程序的编写。

- 第 3 章 循环结构。介绍如何使用 3 种循环语句编写循环程序。
- 第 4 章 函数。讲解函数的定义和调用，局部变量和全局变量的使用。
- 第 5 章 数组。讲解如何用一维、二维数组进行批量数据处理的程序设计。
- 第 6 章 指针。讲解函数的定义、调用及参数的传递。
- 第 7 章 结构体。介绍结构体的定义、结构成员的引用以及单链表的程序设计。
- 第 8 章 文件。介绍文件操作的方法，数据文件的读/写。
- 第 9 章 综合案例。通过 3 个综合案例，达到进一步提升程序设计能力的目的。

（7）书中标注有⊗的内容表示容易出现的错误；标注有*的内容表示选做项；标注有※的内容表示说明。

本教材在编写中努力做到概念清晰、通俗易懂、实用性强，力求激发读者的学习兴趣，使其能够通过案例举一反三真正掌握程序设计的思想和方法。

要想学好程序设计课程，需要教师和学生的共同努力。对于学习者来说，需要多动手、多实践、多思考。一分耕耘，一分收获，坚持耕耘定会有意想不到的收获。

本书第 1、6、9 章由肖阳春编写，第 2、5、7 章由魏琴编写，第 3、4、8 章由李思明编写。孙淑霞审阅了全书并对全书的编写提出了宝贵意见。

由于作者水平有限，书中难免存在不妥之处，请读者批评指正。

最后要感谢高等教育出版社刘茜编辑对本书编写给予的帮助和建议，感谢为本书提出宝贵意见的教师和读者，以及在本书撰写和出版过程中给予支持和帮助的人。

作　者
2019 年 9 月

目录

第 1 章　C 程序设计基础

1.1　简单 C 程序的编写

本节通过一个简单程序说明 C 程序的基本特征与语法。

1.1.1　案例

源代码 1-1：
sumofnumber.cpp

【例 1-1】　编写一个计算并输出 *a*+*b*（其中 *a*=5，*b*=10）之值的程序。

例 1-1　　　　　　　　　**sumofnumber.cpp**

```
1    #include<stdio.h>
2    int main(void)            /* 定义 main( ) 函数 */
3    {
4      int a=5, b=10, c;       /* 定义 3 个变量 a、b、c，并给变量 a 和 b 赋初值 */
5
6      c = a + b;              /* 计算 a+b */
7      printf ("The sum of two number\n");/* 输出 "The sum of two number" */
8      printf ("a + b =%d", c); /* 输出 "a+b=15" */
9      return 0;
10   }
```

程序运行结果：
```
The sum of two number
a + b =15
```

程序及其知识点解析

（1）语句前的数字。例 1-1 每行前都添加了一个数字是为了便于讲解。本书部分程序前面加了一个代表行号的数字，实际编写程序时不能添加该数字，否则会报错。

（2）程序中的空行。一般可在说明性语句和可执行语句之间，或相对独立的功能模块之间插入一空行，便于阅读程序，例如例 1-1 中的第 5 行。

（3）main( )函数。每一个 C 程序都有且只有一个 main( )函数，函数体由一对花括号{ }括起来，如例 1-1 的第 3、10 行。

（4）输出。C 程序例 1-1 的第 7、8 行都是调用格式化输出函数 printf( )进行数据输出，其讲解参见第 1.1.4 节。

（5）第 1 行的讲解参见第 1.1.4 节。

（6）注释。C 的注释内容是括在/*　*/之中的。它可以放在任何位置，也可以跨多个行，但/和*之间不允许留有空格。

在 C++环境中可以使用双斜线//注释，也称为行注释，即从//起到行的末尾都将被看作注释，通常用来说明程序段的功能、变量的作用等，使用非常灵活。//注释不能跨行，如果一行写不完注释内容，下一行需要继续使用//。

添加注释是为了增加程序的可读性和便于维护，在必要的位置加写注释是一个好习惯。在 C++中可以用//或/* */注释。

（7）C 语句。C 语言的每一条语句都以分号";"结束，如例 1-1 的第 6~9 行。

（8）C 程序的书写。为了清晰地显示程序的结构，程序的书写应该采用缩进格式，一行只书写一条语句。例如，例 1-1 的第 4 行较之第 3 行略有缩进。

由例 1-1 这个简单的 C 程序可以得到 C 程序的组成具有如下特点。

① 一个 C 源程序由函数构成，其中有且只有一个主函数 main( )。

② C 程序总是由 main( )函数开始执行，且结束于 main( )函数。

③ 分号";"是 C 语句的一部分，每一条语句均以分号结束。

④ C 程序书写格式自由，一行内可写多条语句。

⑤ 在适当的位置添加注释有利于程序的理解和维护。

微视频 1-1：
C 程序的组成

1.1.2　数据类型、常量与变量

在 C 程序中有常量和变量，常量是程序运行过程中不会改变的量，如例 1-1 中的数字 5 和 10；变量是程序运行过程中可以改变的量，如例 1-1 中的 a、b、c。程序中出现的变量必须先定义后使用，定义变量的一般格式为：

> **[存储类型]　数据类型　变量名1[, 变量名2, 变量名3,…, 变量名n];**

其中：

（1）存储类型决定程序执行过程中变量占用内存的情况。例如，存储类型为 static（静态类型）的变量，在程序执行过程中始终占用内存，直到结束执行。另外，系统会为 static 类型的变量赋初值 0，例如：

```
static int x,y,z;              /* 系统为变量 x, y, z 赋初值 0 */
```

变量存储类型除 static 外，大量使用 auto（动态类型），关键字 auto 在使用时可以省略（C 语言的关键字参见附录 B）。动态变量在程序执行过程中只作用于一个函数或函数中的某个结构。

（2）数据类型决定其变量的存储空间大小、取值范围和允许进行的操作。编译系统为其定义的变量分配固定大小的内存单元。

（3）变量名的命名遵循标识符命名规则。为了和符号常量区别，变量名一般用小写字母，并采用见名知意的方法命名。

同类型变量可定义在同行内，用逗号隔开，如例 1-1 第 4 行定义的 3 个变量 a、b、c：

```
int a, b, c;                    /* 定义整型变量 */
```

也可以定义在不同行中，定义在不同行中的等价形式为：

```
int a;
int b;
int c;
```

微视频 1-2:
数据类型

程序中的数据以变量或常量的形式出现，每个变量或常量都有其数据类型。表 1.1 和表 1.2 分别列出了不同整型数和实型数在 C++中所占的字节数和取值范围等。

表 1.1　不同整型数在计算机中所占的字节数和取值范围

类　　型	关　键　字	长度 （字节）	取　值　范　围
基本整型	int	4	$-2\ 147\ 483\ 648\sim2\ 147\ 483\ 647$　$(-2^{31}\sim2^{31}-1)$
长整型	long [int]	4	$-2\ 147\ 483\ 648\sim2\ 147\ 483\ 647$　$(-2^{31}\sim2^{31}-1)$
短整型	short [int]	2	$-32\ 768\sim32\ 767$　$(-2^{15}\sim2^{15}-1)$
无符号整型	unsigned [int]	4	$0\sim4\ 294\ 967\ 295$　$(0\sim2^{32}-1)$
无符号长整型	unsigned long	4	$0\sim4\ 294\ 967\ 295$　$(0\sim2^{32}-1)$
无符号短整型	unsigned short	2	$0\sim65\ 535$　$(0\sim2^{16}-1)$

注：表 1.1 中的[*]是可省略的部分，编程时可以不写。

整型常量可以是正的或负的自然数，可以用八进制、十进制、十六进制数表示，其八进制数用 0 作为引导符，十六进制数用 0x 作为引导符，例如 0123、010、077 表示八进制数，0x123、0xAF、0xFF 表示十六进制数。在整型常量后面加上字母 l 或 L，表示该常量是 long 型的。加上字母 u 或 U，表示该常量是 unsigned 型的。

表 1.2　不同实型数在计算机中的字节数和取值范围

类　　型	关　键　字	长度（字节）	有　效　位	取　值　范　围
单精度	float	4	7	$-3.4*10^{-38}\sim3.4*10^{38}$
双精度	double	8	15	$-1.7*10^{-308}\sim1.7*10^{308}$
长双精度	long double	8	15	$-1.7*10^{-308}\sim1.7*10^{308}$

C 语言除了整、实型常量外，还有字符型常量又称为字符常量，它是用一对单引号' '括起来的一个字符。例如，'3' '0' 'a' '?' '*' 'A'等。一个字符常量用 1 个字节的内存单元存储。计算机存储的并不是字符本身，而是该字符的 ASCII 码（参见附录 A）。例如，字符'a'的 ASCII 码值为 97，转换成二进制数为 01100001，因此把字符'a'存放到内存中，实际上是把 01100001 存放在内存中。

C 语言中除用一对单引号括起来的普通字符外，还可以使用以"\"作为引导符的特殊字符常量，用于表示 ASCII 码中不可打印的控制字符和特定功能的字符，这种字符称为转义字符，如例 1-1 第 7 行中的\n 代表换行。

使用字符常量时应当注意：

① 大小写英文字符代表不同的字符，如'A'不同于'a'。

② 空格也是一个字符，如' '。

③ 字符常量的单引号中只能有一个字符，也不能用双引号（" "）。例如，'ab'、"a"、"ab"都不是正确的字符常量。

转义字符常用在格式输出函数 printf( )中，起控制输出格式的作用。常用转义字符及其含义见表 1.3。

表 1.3 常用转义字符及其作用

字 符 形 式	含　义	ASCII 代 码
\0	输出空值，无实际意义，表示一个字符串结束	0
\n	换行，将光标移到下一行的开始位置	10
\t	光标横向移动一个 Tab 键位（一般为 8 列）	9
\b	光标向前移动一列（一个字符）	8
\r	光标移到本行的开头	13
\f	光标移到下一页的开头	12
\\	输出反斜线字符 "\"	92
\'	输出单引号字符 "'"	39
\"	输出双引号字符 """	34
\ddd	输出 1 到 3 位八进制数代表的字符	
\xhh	输出 1 到 2 位十六进制数代表的字符	

📖 提示

（1）转义字符用在 printf( )函数中，一般不在 scanf( )函数中使用，否则可能导致输入错误。

（2）转义字符代表一个字符。

（3）反斜线 "\" 后的八进制数可以不用 0 开头。如' \101'代表字符常量'A', '\141'代表字符常量'a'. 即在一对单引号内，可以用反斜线跟一个八进制数来表示一个字符常量。

（4）反斜线 "\" 后的十六进制数只能以小写字母 x 开头，不允许用大写字母 X 或 0x 开头。如'\x41'代表字符常量'A', ' \x61'代表字符常量'a'. 也可以在一对单引号内，用反斜线跟一个十六进制数来表示一个字符常量。

1.1.3 运算符、表达式和语句

C 语言提供了丰富的运算符，可以满足不同类型数据的运算。通过运算符将变量、常量等连接起来形成表达式，用于解决各种简单或复杂的问题。

例 1-1 中的第 6 行用到了加法运算符 "+" 和赋值运算符 "="，C 语言提供了如表 1.4 所示的 13 类，约 50 个运算符。

微视频 1-3：
运算符

表 1.4 C 语言的运算符

序　号	种　类	运　算　符
1	算术运算符	+　-　*　/　%
2	赋值运算符	=及其扩展（复合）赋值运算符 ++　--　+=　*=等

序　号	种　　类	运　算　符
3	关系运算符	> < == >= <= !=
4	逻辑运算符	! && |
5	位运算符	<< >> ~ | ^ &
6	条件运算符	? :
7	逗号运算符	,
8	指针运算符	* &
9	求字节运算符	sizeof（类型）
10	强制类型转换运算符	（类型）
11	分量运算符	. ->
12	下标运算符	[ ]
13	其他	如函数调用运算符()

一个运算符能连接的对象（包括常量、变量、函数等）个数称为"目"。运算符按目分为3类：

（1）单目运算符：即只能连接一个操作对象的运算符。如：++、－－、！、&等。

（2）双目运算符：必须连接两个操作对象的运算符。如+、－、*、/、=、>、>=、!=、+=等。

（3）三目运算符：连接3个操作对象的运算符。C语言只有一个三目运算符，即条件运算符"？:"。

表达式是由运算符和运算对象按C语言语法规则且具有实际意义的式子组成。根据运算符的不同，可以构成算术表达式、关系表达式、逻辑表达式、赋值表达式等。当表达式中出现多个运算符时，系统会按运算符的优先级（运算符执行的先后顺序）进行运算。当运算符具有相同优先级时，则运算顺序由结合性（从左向右或从右向左运算）决定。绝大部分运算符都具有左结合性，即从左向右计算。运算符的优先级和结合性可参见附录C。

算术运算符、关系运算符、逻辑运算符与其他运算符的优先级关系为：

```
! → 算术运算符 → 关系运算符 → && → | → 赋值运算符（=）
高 ──────────────────────────────────→ 低
```

算术运算符的运算级别是：+、-运算同级别，*、/、%运算同级别，后3种优先级高于前两种。使用运算符"/"时，当两个运算对象都是整数时，其运算结果是去掉小数点后面的数，不采用四舍五入。例如，2/4的结果为0。%只能连接两个整数，其结果的符号由左边整数的符号决定，与右边整数的符号无关。例如，8%-3的结果是2，-8%3的结果是-2。算术运算符的运算方向都是从左向右。

区 使用求余运算时，忽略了变量的类型，进行了不合法的运算。例如：

```
float a, b;
printf("%d", a%b);
            /* 求余运算符%的操作数只能是整型数，而 a 和 b 是浮点型变量 */
```

当一个表达式中具有不同数据类型的操作数时，编译系统会按照如图1.1所示的规则自动转换其数据类型，即精度较低的转换为精度较高的类型。例如：

```
int  x;
x= 'A'/10.0+10*1.5+'A'+1.53;
```

其 中 ， 'A'/10.0→65.000000/10.0→6.500000 ； 10*1.5→10.000000 *1.5→15.000000；'A'→65.000000，整个表达式的计算结果为88.029999，因此最后赋给整型变量 *x* 的值是88。

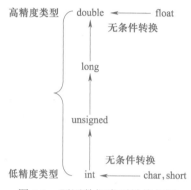

图 1.1 不同数据类型转换规则

关系运算符按"从左到右"的方向进行运算，其优先级为：

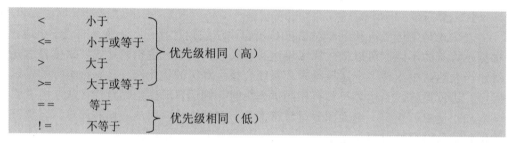

※ 在关系运算符中，==、>=、<=、!= 运算符之间不能出现空格，不能写成= =、> =、< =、！ =；当两个符号不同时，不能写反位置，例如，不能把">="写成"=>"。

逻辑运算符的优先级为：! > && >‖。逻辑"与"和逻辑"或"运算符的运算方向都是"自左向右"，而逻辑非运算符的运算方向是"自右向左"。

1.1.4 格式化输出函数 printf( )

例 1-1 的第 7、8 行用到了 C 语言提供的格式化输出函数 printf( )进行数据的输出。由于 printf( )是 C 标准库中提供的函数并在系统文件 stdio.h 中声明，所以在使用该函数的源程序文件开始位置处要添加如下编译预处理命令：

```
#include <stdio.h>
```

※ #include 是预处理指令，而不是 C 语言的语句，所以在其后面不能加分号。

1. printf( )函数的一般调用格式

printf( )函数的作用是把数据按指定格式输出到屏幕上，其一般调用格式为：

```
printf(格式控制字符串[，变量列表])
```

例如：

$$printf("I=\%d, F=\%f, C=\%c\backslash n", i, f, c)$$

<u>格式控制字符串</u>　　　<u>输出列表</u>

其中：

（1）格式控制字符串：用于控制输出数据格式，必须以双引号（""）引导，内容由一个或多个<u>格式控制字符</u>（如表 1.5 所示）组合而成，也可以含有非格式控制字符，如例 1-1 的第 8 行。非格式控制字符称为<u>普通字符</u>，输出时按原样输出在相应位置上。

（2）输出列表：用于指定输出对象，如变量名，表达式等。输出多个对象时，各对象之间用逗号隔开。输出列表是可选项，如果没选，则 printf( )函数的格式控制字符串就完全由非格式控制字符或转义字符组成，执行结果将输出这些非格式控制字符，如例 1-1 的第 7 行输出了非格式控制字符：The sum of two number。

表 1.5　printf( )函数中常用的格式控制字符

数 据 类 型	格 式 字 符	格式控制字符	含　　义
整型	d 或 i	%d 或%i	输出带符号的十进制整数
	u	%u	输出无符号的十进制整数
	o	%o	输出八进制无符号整数
	x 或 X	%x 或%X	输出十六进制无符号整数（大小写作用相同）
字符	c	%c	输出一个字符
字符串	s	%s	输出一个字符串
实型	f	%f	以小数形式或指数输出实数
	e 或 E，g 或 G	%e 或%E %g 或%G	与 f 格式作用相同，e 与 f, g 可以相互替换（大小写作用相同）

2．格式控制字符串的使用

printf( )函数中的格式控制字符串用于控制输出，为了使输出数据排列美观合理，常常在格式引导符（%）和格式符（如 d、f、c、s、e）之间插入一些附加的格式修饰符，如 m、l、m.n 等。

（1）%d 是按整型数据的实际长度输出，而%md 则按 m 个英文字母宽度输出。如果数据的位数小于 m，则输出数据左端补空格；若大于 m，则按实际宽度输出。例如：

```
printf("A=%4d, B=%3d", 123, 1234);
```

则输出结果为：

```
A= ⌣123, B=1234
```

（2）%f 的输出宽度由系统自动确定，输出实数中的全部整数和 6 位小数。单精度浮点数有效位数一般为 7 位，双精度浮点数有效位数为 15 位。这里的 7 位或 15 位包括整数位和小数位之和，不是有效小数位。例如下面的程序段：

```
float a=123456.123, b=654321.321;
double c=55444333222111.1122, d=11222333444555.4733;
```

```
printf("%f\n", a+b);
printf("%f\n", c+d);
```
输出结果为：
```
777777.437500          （只有前 7 位数据有效）
66666666666666.578000  （只有前 15 位数据有效）
```

（3）%m.nf 则指定输出数据的宽度占 m 位（包含小数点本身），其中小数占 n 位，多于 n 位的小数部分，最高位四舍五入输出。如果数值长度小于 m，则左端补空格；如果数值长度大于 m，则整数部分原样输出，小数占 n 位。"－"表示左对齐，否则右对齐。例如下面的程序段：

```
float a=123.456, b=12.4567, c=1234.123, d=1.1;
printf("a=%8.2f\nb=%8.2f\nc=%8.2f\nd=%-8.2f\n", a, b, c, d);
```
输出结果如下：
```
a=⌣⌣⌣123.46
b=⌣⌣⌣12.46
c=⌣1234.12
d=1.10
```

1.1.5　C 程序的编写与执行

C 程序从编写到执行要经过 5 个阶段：编辑、预处理、编译、连接、运行，其中运行阶段可以对程序进行跟踪调试。可以选择在 Turbo C 或者 Visual C++（本教材采用 Visual C++2010 Express）集成环境中完成。

1. 编辑

用 C 语言编写的程序文件叫源程序文件，其文件的扩展名可以为"C"或"CPP"，在 C++中的默认扩展名为 CPP。无论新编写一个程序，还是修改一个原有的程序，在编辑器中输入或修改 C 程序的过程都称为编辑。

2. 预处理

预处理是指在编译之前，C 预处理程序执行 C 程序中的专门命令，即预处理指令。例如，例 1-1 第 1 行的 include 命令就是将其后面的 stdio.h 文件的内容插入到当前文件的当前位置。

3. 编译

编译是指用 C 语言提供的编译器将编辑好的源程序翻译成二进制形式的目标代码文件的过程。目标代码文件的扩展名为"obj"，又称为 OBJ 文件。

在编译过程中，编译器将检查源程序每一条语句的词法和语法错误。

编译错误分为两种性质：Error（致命）错误和 Warning（警告）错误。

● Error 错误将终止程序继续编译，不会生成 OBJ 文件，必须修改程序重新编译。

● Warning 错误是编译程序不能百分之百确定的错误，即源程序在这里可能有错。如果程序中只有 Warning 错误，则可以连接生成可执行程序。警告错误有两种，一种不会影响程序运行结果，如定义了多余的变量；另一种则会影响程序运行结果，这时需要分析具体情况，找到并修改错误。

值得注意的是，编译时，当信息窗口中列出了很多行的错误信息时，并不表示需要依次对这些行进行修改，有可能是一个错误所致。例如，程序中有一个变量没有定义，那么，所有使用该变量的行在编译时都会报错。当加上对该变量的定义时，所有由该变量引起的错误都将消失。所以在修改编译错误时，对不明显的错误，最好是修改一个错误就重新编译一次。

4. 连接

编译所产生的"目标代码程序"是不能运行的，需要进行连接生成扩展名为"exe"的可执行文件才能运行。

连接就是把目标程序与系统的函数库和与该目标程序有关的其他目标程序连接起来，生成一个 exe 可执行程序。

常见的连接错误是外部调用有错，系统将指出外部调用中出错的模块名或找不到的库函数。这时，需要检查程序中是否有错写函数名或缺少文件包含命令的情况。

连接错误是由连接程序检查的。在找到连接错误的原因并修改后，必须重新编译才能再次连接。

5. 运行

运行程序的目的是要得到最终的结果。

运行中的错误通常有两种：一种是系统给出错误信息，用户根据错误信息进行分析，找出错误；另一种是程序运行结果不正确或运行异常结束，这类错误通常是由于算法错误产生的，这时需要仔细阅读程序并分析造成错误的原因；如果运行异常结束（即死机），则可能是程序中的循环结构有错或系统程序被破坏。

运行错误比较难查找和判断。因为运行错误几乎没有提示信息，只能依靠编程人员的经验来进行判断。

● 程序的跟踪调试

一般来说，编译和连接中的错误比较容易查找和修改，要查找运行中的错误相对困难一些。为了提高查找错误的效率，一方面要提高阅读程序的能力，另一方面要掌握跟踪调试程序的方法。

跟踪调试是指程序在运行过程中的调试。它的基本原理是通过单步执行程序，分析和观察程序执行过程中数据和程序执行流程的变化，从而查找出错误的原因和位置。跟踪调试有两种方法：一种是传统方法，在程序中直接设置断点、输出重要变量的内容等来分析和掌握程序的运行情况；另一种是利用集成环境中的分步执行、断点设置和显示变量内容等功能对程序进行跟踪。

1.2 求任意半径的圆面积

1.2.1 案例

【例 1-2】 从键盘上输入任意一个数，求以该数为半径的圆面积。

例 1-2   areaofcircle.cpp

```c
1   #include<stdio.h>
2   #define PI 3.1415926
3   int main(void)                          /* 定义 main( )函数 */
4   {
5     float r, area;                        /* 定义变量 r、area */
6
7     printf ("Enter r: ");                 /* 提示输入圆半径 */
8     scanf ("%f", &r);                     /* 输入半径 r 的值 */
9     area = PI * r * r;                    /* 计算圆面积 */
10    printf ("circle_area = %f", area);    /* 输出圆面积 */
11    return 0;
12  }
```

程序运行结果：
```
Enter r: 5↙
circle_area = 78.539815
```
程序及其知识点解析

（1）输入提示信息。通常在输入数据前给出输入提示信息使用户明确当前要输入的数据，使运行程序更清楚明了。程序第 7 行输出提示信息"Enter r:"不是必需的但是必要的。

（2）格式化输入函数 scanf( )。例 1-2 第 8 行的 scanf( )是 C 语言系统提供的格式化输入函数，它的声明也在 stdio.h 文件中。

1.2.2 格式化输入函数 scanf( )

scanf( )函数用于接收从键盘上输入的数据，输入的数据可以是整型、实型、字符型等。使用 scanf( )函数的一般格式是：

scanf （**格式控制字符串，变量地址列表**）；

其中：

（1）**格式控制字符串**：用于控制输入数据格式，必须以双引号（" "）引导，内容以%作为引导符，后接一个格式符，如%d、%f 分别针对 int 型和 float 型数据的输入。格式控制字符串中也可以含有非格式控制字符（普通字符），即按原样输入的字符，例如，将例 1-2 的第 8 行改为如下形式：
```
scanf ("r=%f", &r);
```
执行程序第 7-8 行时就应该按如下形式输入：
```
Enter r: r=5↙
```

※ 为了避免输入错误，在 scanf( )的格式控制字符串中一般不建议使用普通字符，更不要将提示信息作为 scanf( )函数中普通字符的一部分。例如，将例 1-2 中

的第 7-8 行写成如下形式不仅起不到提示作用还会使输入更加烦琐：

```
scanf ("Enter r: %f", &r);
```

　　※　在 printf( )函数中经常在%f 格式中控制小数位的精度，例如可将例 1-2 中的第 10 行改为：

```
printf ("circle_area = %7.2f", area);   /* 按宽度为 7，小数点后两位的格式
                                            输出 aera */
```

但使用 scanf( )函数时不得在%f 中指定小数位精度。例如不能将例 1-2 中的第 8 行改为：

```
scanf("%6.2f",&r);                              /* 输入时不能使用小数位的精度 */
```

　　（2）**变量地址列表**：用于指定存放数据的变量地址。如果需要给多个变量输入数据，则各变量地址间要用逗号隔开。变量地址表示方式是：& 变量名。例如，&a 表示变量 a 的地址。

　　※　当格式控制字符数与变量地址个数不等时，则从左向右依次对应输入，输入数据个数以格式控制字符数为准，此时变量有可能不能接收到数据，或者有数据不被变量接收。例如：

```
scanf("%d%f",&a);          /* 格式符多于变量地址，%f 多余 */
scanf("%d",&a,&b);         /* 格式符少于变量地址，变量 b 不能被赋值 */
```

　　☒　使用 scanf( )函数时没有加取地址运算符 "&"。例如：

```
int a, b;
scanf("%d %d", a, b);      /* 应改为 scanf("%d %d", &a, &b); */
```

　　（3）对于%d 格式，如果指定了域宽，则从键盘上输入数据时，数据之间不加分隔符（如空格），由系统按给定的域宽自动截取数据。

　　例如，给变量 a 和 b 分别输入 123 和 456，可以使用如下两种格式：

　　①　scanf("%d%d",&a,&b);

　　从键盘上输入：123 456↙

　　②　scanf("%3d%3d",&a,&b);　　/* 其中的 3 即为域宽 */

　　从键盘上输入：123456789↙

　　系统自动把 123 赋给 a 变量，把 456 赋给 b 变量，而 789 则不起任何作用。

　　☒　用 scanf( )函数输入实型数据时，格式控制符采用了%m.n。例如：

```
float a;
scanf("%6.2f", &a);  /* 应改为 scanf("%f",&a); 或 scanf("%6f",&a); */
```

用 scanf 函数输入实型数据时，不得控制小数位，但可以限制整个位数，如%6f。

　　（4）对于%c 格式，由于字符变量只能存放一个字符，因此，加上域宽也不会起作用。例如：

```
scanf("%4c",&ch);
```

从键盘上输入 abcd 后，只有 'a' 字符放入了变量 ch 中。

　　（5）scanf( )函数的"格式控制字符串"中一般不使用转义字符，如"\n""\t"等，否则要按原样在对应位置从键盘输入，会给输入数据带来不必要的麻烦。

　　（6）C 语言规定，格式控制字符串中出现普通字符，按原样在对应位置输入；否则数字型（包括整型、实型）数据之间用空格分开，其中数字型与字符型数据之

间，字符型与字符型数据之间不用分隔符。

📖 **提示**

用 scanf( )函数把数据输入到变量中的方法有以下几种：

（1）当格式符中只有%f 或%d 或同时有%d 和%f 时，输入数据间用空格、Tab 键、Enter 键作数据分隔标志。

（2）当格式中有%c 时，输入时不能加任何分隔符，如空格、Tab 键或 Enter 键。

1.2.3 C程序的函数

一个 C 语言源程序可以由一个 main( )函数和若干个其他函数组成。函数是程序的基本组成单位，每个函数都是用来实现特定功能的模块。可以用函数方便地实现程序的模块化，同时使整个程序结构清晰、易读、易理解。尤其是软件开发通常需要多人合作，当把一个由 main( )函数组成的功能复杂的大程序分解为多个功能单一的函数（模块）后，就可以由多人分工合作编写这些模块了。

从用户的角度看，C 语言的函数分为标准库函数和用户自定义函数。

（1）标准库函数是 C 语言编译系统预定义的，为用户提供了一系列常用函数，例如前面用到的 scanf( )、printf( )函数。C 系统提供了数学函数、字符函数、字符串处理函数、输入/输出函数、动态分配存储空间函数、图形处理函数等。这些函数按功能分类，集中在不同的头文件（h 文件）中说明。用户使用标准库函数时，需要在程序开始处使用文件包含命令。例如，程序中格式输入/输出函数，在程序开始处用到了：

```
#include <stdio.h>
```

如果程序中使用了数学函数，在程序开始处就应写上：

```
#include <math.h>
```

（2）用户的自定义函数请参见第 4 章。

1.3 实验内容及指导

一、实验目的及要求

1. 熟悉 Visual C++ 2010 Express 系统的使用，根据实验 1.1 和实验 1.2 的【指导】学会在该系统下编辑、编译、连接、运行和调试 C 程序的基本方法。

2. 通过编写简单程序，掌握 C 程序的基本组成和结构，以及用 C 程序解决实际问题的步骤。

3. 掌握基本输入、输出函数的正确使用。

4. 掌握基本数据类型，如整型 int、字符型 char、实型 float、双精度型 double，以及由这些基本类型构成的常量和变量的使用方法以及不同数据类型的混合运算。

5. 掌握运算符、表达式和语句在编程中的正确应用。

二、实验项目

实验 1.1 调试程序 SY1-1.C，使其能够运行出正确结果。

【指导】

完成实验的基本步骤：

（1）启动 Visuanl C++ 2010 Express，单击"起始页"窗口中的"新建项目"按钮，有两种方式建立"解决方案"：①在"已安装的模板"中选中"Win32→Win32控制台应用程序"，在窗口下的"名称""位置"和"解决方案名称"对话框中键入名称并选择存储位置，单击"确定"按钮，在弹出的窗口中单击"下一步"按钮，选择"附加选项→空项目"，单击"完成"按钮。②在"已安装的模板"中选中"常规→空项目"，在窗口下的"名称""位置"和"解决方案名称"对话框中键入名称并选择存储位置，单击"确定"按钮。

（2）右击"解决方案资源管理器→解决方案"***"（一个项目）→源文件"，选择"添加→新建项"，在弹出的对话框"添加新项-***"中选择"Visual C++ →C++文件（.cpp）"，在对话框中的"名称"栏键入 C 源文件的主文件名后，单击"添加"按钮。

（3）编辑 C 源程序。单击 C 源文件名，在编辑区键入 C 语言源程序。

（4）调试程序。单击菜单中的"调试→启动调试"或按快捷键 F5 进行调试。调试过程中，在"输出"窗口显示调试过程和提示调试错误内容，程序窗口对应显示错误位置。如果调试通过，则直接生成可执行文件并自动执行，同时将执行结果显示在弹出的新窗口中。

（5）如果调试发现错误，修改错误后继续调试，直到通过。

（6）如果启动 Visuanl C++ 2010 Express 后，没有出现（1）中所指的窗口，或者在任何时候发生误操作关闭窗口，可以通过单击菜单栏的"视图→起始页"激活"起始页"窗口，并同时勾选窗口左下角的"在项目加载后关闭此页"和"启动时显示此页"选项，最后单击菜单栏中的"窗口→重置窗口布局"，即可恢复初始窗口布局状态。

（7）打开已有项目/解决方案，可以单击"文件→打开→项目/解决方案"或单击"起始页→打开项目"实现。当项目以解决方案形式出现，文件扩展名为".sln"。

实验 1.2 SY1-2.C 的功能是计算并输出 5 个整型数的平均值（要求保留两位小数），调试 SY1-2.C，使其能够运行出正确结果。

【指导】

按照实验 1.1 中所述的调试程序的基本步骤，调试本程序。

（1）编译该程序会显示 15 条错误信息，这时要从第 1 条信息开始修改，第 1条信息为：

```
bad suffix on number
```

错误的原因是：数字后面的后缀是错误的，根据标识符的正确表示，可以将"5aver"改为"_5aver"。

（2）继续编译，显示还有 6 个错误，第 1 条信息显示的错误原因与上述相同，将程序中的"5aver"都修改为"_5aver"。

（3）再编译，这时显示如下错误信息：

```
'=' : conversion from 'int ' to 'float ', possible loss of data
```

该警告错的原因为：将 int 型的数据转换为 float 型，可能会丢失数据。这是因为赋值运算符右端的整除运算将丢掉小数点后面的数，再将其结果赋给一个 float 型的变量。这时可以将赋值运算符右端的 5 改为 5.0。

（4）再次编译显示仍然有警告错：

```
'=' : conversion from 'double ' to 'float ', possible loss of data
```

其错误原因是：将 double 型数据转换为 float 型可能会丢失数据。这是因为系统将 5.0 作为 double 型数据，这样赋值运算符的右端运算后的数据就是 double 类型，而赋值运算符左端的_5aver 是 float 型。要避免这种错误，只需将该变量定义为 double 类型。

（5）连接、运行程序直到输出正确结果：

```
_5aver = 87.40
```

实验 1.3 要点提示

实验 1.3 编写程序 SY1-3.C。程序的功能是：输入一个数字字符，将该数字字符转换为整数输出；输入一个 0～9 的整数，将其转换为对应的数字字符输出。

实验 1.4 要点提示

实验 1.4 程序 SY1-4.C 的功能是：从键盘上输入一个小写英文字母，将该字母转换成大写字母，并求出它的下一个字母。

请勿改动程序中的其他任何内容，仅在方括号[ ]处填入所编写的若干表达式或语句，并去掉方括号[ ]及括号中的数字。

实验 1.5 程序 S1-2.C 的功能是计算下列公式的值。

$t=1+1/2+1/3+1/4+1/5$

改正程序中的错误，不得增行或删行，也不得更改程序的结构，使程序能得到正确结果 2.283 333。

习 题 1

一、选择题

1.1 一个 C 程序的执行是从（　　　）。

（A）本程序的 main( )函数开始，到 main( )函数结束

（B）本程序文件的第 1 个函数开始，到本程序文件的最后一个函数结束

（C）本程序的 main( )函数开始，到本程序文件的最后一个函数结束

（D）本程序文件的第 1 个函数开始，到本程序的 main( )函数结束

1.2 以下叙述中正确的有（　　　）。

（A）C 程序中每行只能写一条语句

（B）C 语言本身没有输入输出语句

（C）对 C 程序进行编译时可以找出语法错误和注释中的拼写错误

（D）在 C 程序中，注释说明只能位于一条语句的后面

1.3 以下叙述中正确的是（　　　）。

（A）C 程序中注释部分可以出现在程序中任意合适的地方

（B）花括号"{"和"}"只能作为函数体的定界符

（C）构成 C 程序的基本单位是函数，所有函数名都可以由用户命名

（D）分号是 C 语句之间的分隔符，不是语句的一部分

1.4　以下叙述中错误的是（　　）。

（A）C 语言源程序经编译后生成后缀为 obj 的目标程序

（B）C 程序经过编译、连接步骤之后才能形成一个真正可执行的二进制机器指令文件

（C）用 C 语言编写的程序称为源程序，它以 ASCII 代码形式存放在一个文本文件中

（D）C 语言中的每条可执行语句和非执行语句最终都将被转换成二进制的机器指令

1.5　若有定义：

"int a=7; float x=2.5,y=4.7;"，则表达式 x+a%3*(int)(x+y)%2/4 的值是（　　）。

（A）2.500000　　（B）2.750000　　（C）3.500000　　（D）0.000000

1.6　若 k1、k2、k3、k4 均为 int 型变量，为了将整数 10 赋给 k1 和 k3，将整数 20 赋给 k2 和 k4，则对应以下 scanf( )函数调用语句的正确输入方式是（　　）（<CR>代表换行符，␣代表空格）。

```
scanf("%d%d", &k1, &k2);
scanf("%d,%d", &k3, &k4);
```

（A）1020<CR>　　（B）10␣20<CR>　　（C）10, 20<CR>　　（D）10␣20<CR>
　　　1020<CR>　　　　10␣20<CR>　　　　10, 20<CR>　　　　10, 20<CR>

1.7　若变量已正确定义并赋值，以下符合 C 语言语法的表达式是（　　）。

（A）a:=b+1　　（B）a=b=c+2　　（C）int 18.5%3　　（D）a=a+7=c+b

1.8　C 语言中运算对象必须是整型运算符的是（　　）。

（A）%=　　　　（B）/　　　　　（C）=　　　　（D）<=

1.9　若有表达式 (w)?(--x):(++y)，则其中与 w 等价的表达式是（　　）。

（A）w= =1　　（B）w= =0　　（C）w!=1　　（D）w!=0

二、读程序分析程序的运行结果

1.10　以下程序的输出是（　　）。

```
#include <stdio.h>
int main(void)
{
    int i, j, k, a=3, b=2;

    i=(--a == b++) ? --a : ++b;
    j=a++;
    k=b;

    printf("i=%d,j=%d,k=%d\n", i, j, k);
    return(0);
}
```

（A）i=2, j=1, k=3　　　　　　（B）i=1, j=1, k=2

（C）i=4, j=2, k=4　　　　　　（D）i=1, j=1, k=3

1.11 有关以下程序，说法正确的是（　　）。

```c
#include <stdio.h>
int main(void)
{
  int a=2, b=3;
  printf(a>b?" ***a=%d":"###b=%d", a, b);
  return(0);
}
```

（A）没有正确的输出格式控制　　（B）输出为：***a=2

（C）输出为：###b=2　　　　　　（D）输出为：***a=2#### b=2

1.12 已知字母 a 的 ASCII 码为 97，则执行以下程序后的输出为（　　）。

```c
#include<stdio.h>
int main(void)
{
    char a='a';

    a--;
    printf("%d,%c\n",a+'2'-'0',a+'3'-'0');
    return(0);
}
```

（A）b,c　　　　　　　　　　　（B）a--运算不合法，有语法错

（C）98,c　　　　　　　　　　　（D）格式描述和输出项不匹配

1.13 运行以下程序的输出为（　　）。

```c
#include<stdio.h>
int main(void)
{
    int m=7, n=4;
    float a=38.4, b=6.4, x;

    x = m/2 + n*a/b + 1/2;
    printf("%f\n", x);
    return(0);
}
```

（A）27.00000　　　　　　　　　（B）27.500000

（C）28.00000　　　　　　　　　（D）28.500000

三、填空题

1.14 任何 C 语句都必须以_____结束。

1.15 编译是检查 C 程序的_____错误。

1.16 C 程序的函数由_____和_____两部分组成。

第2章 分支结构

在日常生活中，很多问题都需要经过判断以后才能决定如何处理或决策。例如，只有数学成绩为优秀的学生才能参加数学竞赛，在确定某学生能否参加竞赛时，首先要判断该学生的数学成绩是否为优秀或高于 90 分，然后才能决定他能否参加竞赛。即

$$
某学生能否参赛
\begin{cases}
YES（能） & 数学成绩 \geqslant 90 \\
NO（不能） & 数学成绩 < 90
\end{cases}
$$

显然，这是一个二选一的问题。又比如，对于分段函数：

$$
y = \begin{cases}
-1 & (x < 0) \\
0 & (x = 0) \\
1 & (x > 0)
\end{cases}
$$

要确定 y 的值，首先要判断 x 值的大小，即选择 y 值为-1、0 或 1，所以这是一个多（三）选一的问题。与上述类似的问题，在程序中通常是用条件语句先进行判断，然后决定执行什么语句。

2.1 判 断 闰 年

2.1.1 案例

【例 2-1】 从键盘上输入任一年号，判断它是否为闰年。若是闰年，输出 "xxxx is a leap year!"，否则输出 "xxxx is not a leap year!"。

算法分析：从键盘上输入任一年号给 year，year 是闰年必须满足下列条件之一：

① 能被 4 整除，但不能被 100 整除。

② 能被 400 整除。

程序中可以用双分支结构 if-else 语句实现闰年的判断，若是闰年，即满足 (year % 4==0 && year %100 != 0) || (year % 400 ==0)，则输出是闰年的信息，否则，

输出不是闰年的信息。

其具体实现步骤如下：

① 从键盘输入任一年号给 year。

② 如果(year % 4==0 && year %100 != 0) || (year % 400 ==0)为真，则输出"xxxx is a leap year!"，否则输出"xxxx is not a leap year!"。

③ 结束程序的运行。

其流程图如图 2.1。

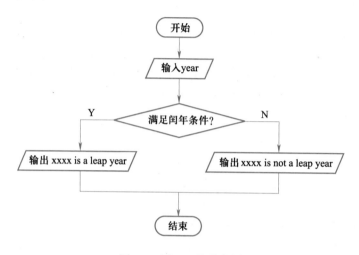

图 2.1 例 2-1 的流程图

源代码 2-1：
leapyear.cpp

例 2-1	leapyear.cpp

```
1    #include<stdio.h>
2    int main(void)
3    {
4      int year;
5
6      printf ("Enter year: ");
7      scanf ("%d", &year);
8      if ((year%4==0&&year%100!=0) || (year%400==0))/* 判断是否为闰年 */
9          printf ("%d is a leap year!\n", year);     /* 是闰年 */
10     else
11         printf ("%d is not a leap year!\n", year);/* 不是闰年 */
12     return 0;
13   }
```

程序运行结果：

```
Enter year: 1998✓
1998 is not a leap year!
```

2.1.2 if–else 语句

对于有两种选择的问题可采用二分支 if-else 语句来实现。if-else 语句的一般格式如下：

```
if（表达式）
    语句 1
else
    语句 2
```

其中，语句 1 称为 if 子句，语句 2 称为 else 子句，它们可以是一条简单语句，也可以是一条复合语句。

复合语句是把多条语句用花括号{}括起来组成的一条语句，它被看成是一条语句，而不是多条语句。例如：

```
{
    t=y;  y=x;  x=t;
}
```

花括号里有 3 条语句，括在花括号里组成一条复合语句，而花括号"}"后面不能加分号。

if-else 语句的执行过程如图 2.2 所示。即：

① 计算表达式的值。

② 判断表达式的值，如果表达式的值非 0（真），则执行语句 1；如果表达式的值为 0（假），则执行语句 2。

③ 结束 if-else 语句的执行。

当 if-else 语句少了 else 语句就成了单分支结构的 if 语句，即

```
if（表达式）
    语句
```

if 后的语句可以是一条简单语句，也可以是一条复合语句。

if 语句的执行过程如图 2.3 所示。即：

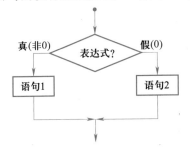

图 2.2 if-else 语句的执行流程图

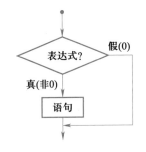

图 2.3 if 语句的执行流程图

微视频 2-1：
实现选择

① 计算表达式的值。

② 判断表达式，如果表达式的值为"真"（非 0），则执行语句（if 子句），然后

再执行③；如果表达式的值为"假"（0），则不执行语句（if 子句），直接执行③。

　　③ 结束 if 语句的执行。

2.2　判断字母、数字和其他字符

2.2.1　案例

【例 2-2】 从键盘上输入一个字符，判断该字符是字母、数字还是其他字符，并输出判断结果。

　　算法分析：从键盘上输入一个字符给字符变量 ch，可以用"ch=getchar( );"或"scanf("%c",&ch);"实现。判断该字符是否为字母时，应该包括大写字母和小写字母，即表达式为

```
(ch>='a' && ch<='z') || (ch>='A' && ch<='Z')
```

判断该字符是否为数字字符时，可以用下面表达式进行判断：

```
ch>='0' && ch<='9'
```

　　这里不能用数字 0 和 9，因为 0 和 9 对应的不是字符 '0' 和 '9'，数字 48 和 57 对应的才是字符 '0' 和 '9'。

　　其具体实现步骤如下：

　　① 从键盘输入一个字符给变量 ch。

　　② 判断该字符是否为字母，若是字母，则输出该字符为英文字符，执行⑤；否则执行③。

　　③ 判断该字符是否为数字字符，若是数字字符，则输出该字符为数字字符，执行⑤；否则执行④。

　　④ 输出该字符是其他字符。

　　⑤ 结束程序。

　　其流程图如图 2.4。

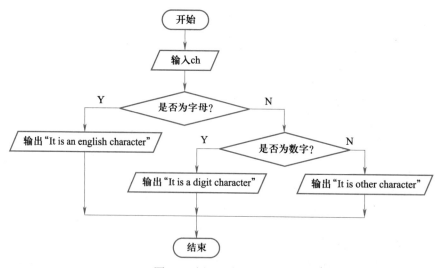

图 2.4　例 2-2 的流程图 1

例 2-2   judge_character.cpp

```
1   #include<stdio.h>
2   int main(void)
3   {
4     char ch;
5
6     printf ("Enter a character: ");
7     ch = getchar( );
8     if((ch>='a' && ch<='z')||(ch>='A' && ch <='Z'))/* 判断是否为英文字符*/
9         printf ("It is an english character %c.\n",ch);
10    else if (ch>='0' && ch<='9')        /* 判断是否为数字字符 */
11        printf ("It is a digit character %c.\n",ch);
12    else
13        printf ("It is other character %c.\n",ch);
14    return 0;
15  }
```

程序运行结果 1：
```
Enter a character: a✓
It is an english character a.
```
程序运行结果 2：
```
Enter a character: 9✓
It is a digit character 9.
```
程序及其知识点解析

判断字符时，可以与其相应的 ASCII 码进行比较。例如，例 2-2 第 8 行可以表示为"if((ch>=97 && ch<=122) || (ch>=65 && ch<=90))"程序第 10 行可以表示为"else if(ch>=48 && ch<=57)"

2.2.2 else-if 语句

当需要在多个选项中选择执行其中某一项时，可以使用多分支（多路）选择结构，这时，可用二分支 if-else 语句嵌套来实现，也可以用 else-if 语句实现。else-if 语句的一般格式如下：

```
if（表达式 1）
  语句 1
else if（表达式 2）
  语句 2
  …
else if（表达式 n）
  语句 n
```

```
else
    语句 n+1
```

该语句的执行过程如图 2.5 所示。

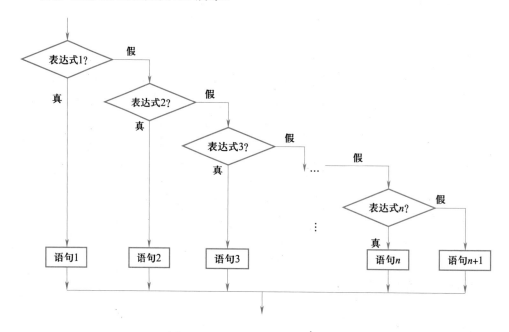

图 2.5 else-if 语句的执行流程图

说明:

（1）进行两个以上的判断和选择时，用 else-if 语句实现比用 if 语句和 if-else 语句实现更好。例如，如果把例 2-2 的第 8 ~ 13 行改为下面程序段:

```
if((ch>='a' && ch<='z') || (ch>='A' && ch <='Z'))/* 判断是否为英文字符 */
    printf("It is an english character %c.\n",ch);
if(ch>='0' && ch<='9')                          /* 判断是否为数字字符 */
    printf("It is a digit character %c.\n",ch);
else
    printf("It is other character %c.\n",ch);
```

对于例 2-2，当输入英文字符 w 时，程序输出"It is an english character w"后就结束运行。改为上面程序段后，当输入 w 时，程序输出"It is an english character w"后并没有结束运行，而是继续判断其是否为数字字符，从而增加了不必要的程序运行时间，其流程图如图 2.6 所示。

（2）if-else 语句与 else-if 语句

在进行多路选择时，通常用例 2-2 中的 else-if 语句实现，避免了用 if-else 语句的多重嵌套。用嵌套的 if-else 语句编写例 2-2 的 8 ~ 13 行可以表示为:

```
if((ch>='a' && ch<='z')||(ch>='A' && ch <='Z'))/* 判断其是否为英文字符 */
    printf("It is an english character %c.\n",ch);
else
```

```
if(ch>='0' && ch<='9')    /* 嵌套的 if-else 语句判断其是否为数字字符 */
    printf("It is a digit character %c.\n",ch);
else
    printf("It is other character %c.\n",ch);
```

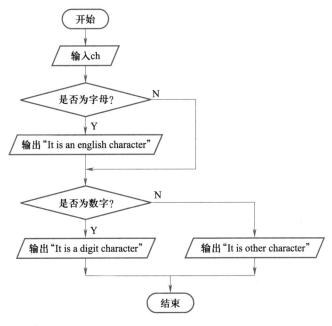

图 2.6 例 2-2 的流程图 2

2.2.3 字符输入函数 getchar( )

例 2-2 的第 7 行使用了 getchar( )函数,该函数用于接收从键盘输入的一个字符。其一般使用格式为:

字符变量名= getchar( );

即把键盘上输入的一个字符赋给一个字符变量。

※ 当连续使用 getchar( )函数输入时, 中间不能有其他字符。

例如, 对于下面程序段:

```
a=getchar( );
b=getchar( );
printf("a=%c,b=%c", a, b);
```

当输入:<u>xy</u>↙时, 输出结果为:a=x, b=y; 当输入:<u>x y</u>↙时, 输出结果为:a=x, b= 。

按照后一种方式输入时, 由于 x y 中间有一空格, 第 2 个 getchar( )函数就将空格字符输入给了变量 b。

2.3   选择执行菜单项

2.3.1   案例

【例 2-3】 输出如图 2.7 所示的菜单选项，根据菜单选项执行不同的输出。选择 1，则输出 Run program1，并结束程序执行；选择 2，则输出 Run program2，并结束程序执行；选择 3，则输出 Run program3，并结束程序执行；选择 4，则输出 End，并结束程序执行。

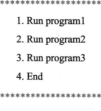

```
********************
1. Run program1
2. Run program2
3. Run program3
4. End
********************
```

图 2.7   菜单选项

算法分析：可以使用 printf( )函数输出如图 2.7 所示的菜单，然后从键盘上输入一个字符（或数字），再根据输入的字符（或数字）决定执行输出哪一个菜单选项的内容。

其具体实现步骤如下：
① 输出菜单选项。
② 从键盘输入一个字符：1～4。
③ 根据输入的字符决定输出哪一个菜单项的内容。
④ 结束程序的执行。

源代码 2-3：
outputmenu.cpp

例 2-3   outputmenu.cpp

```
1    #include<stdio.h>
2    int main(void)
3    {
4      char ch;
5
6      printf("   ********************\n");
7      printf("      1. Run program1 \n");
8      printf("      2. Run program2 \n");
9      printf("      3. Run program3 \n");
10     printf("      4. End  \n");
11     printf("   ********************\n");
12     printf("   Enter 1-4: ");
13     ch=getchar( );
14     switch(ch)
```

例 2-3	outputmenu.cpp

```
15    {
16      case '1': puts(" \n    Run program1 ");
17              break;
18      case '2': puts(" \n    Run program2 ");
19              break;
20      case '3': puts(" \n    Run program3 ");
21              break;
22      case '4': puts(" \n    End ");
23      }
24      return 0;
25    }
```

程序运行结果：

```
*******************
  1. Run program1
  2. Run program2
  3. Run program3
  4. End
*******************
Enter 1-4: 1↙
Run program1
```

2.3.2 switch 语句

多选一的问题除了可以用 else-if 语句实现，还可以用 switch 语句实现。当某种算法要用某个变量或表达式单独测试每一个可能的整型常量或字符常量，然后进行相应的操作时，最好用 switch 语句实现。

switch 语句的一般格式如下：

```
switch(表达式)
{
  case   常量 1：语句组 1；[break;]
  case   常量 2：语句组 2；[break;]
  case   常量 3：语句组 3；[break;]
  ……
  case   常量 n：语句组 n；[break;]
  [default：  语句组 n+1；]
}
```

其中：表达式的值一般为整型、字符型、枚举型；方括号中的"break;"是可选项，break 的作用是跳出 switch 语句，结束 switch 语句的执行。

switch 语句的执行过程是：计算 switch 表达式的值，将其依次与每一个 case 后面的常量值进行比较，若相等，就执行该 case 后面的语句组；若所有 case 常量值都与 switch 表达式的值不相等，则执行 default 后面的语句组"n+1"。

执行完一个分支的语句组后，如果其后无 break 语句，则顺序执行下一个 case 后的语句组；如果有 break 语句，则跳出 switch 语句继续执行 switch 语句后面的语句。带 break 语句的 switch 语句执行流程如图 2.8（a）所示，不带 break 语句的 switch 语句执行流程如图 2.8（b）所示。

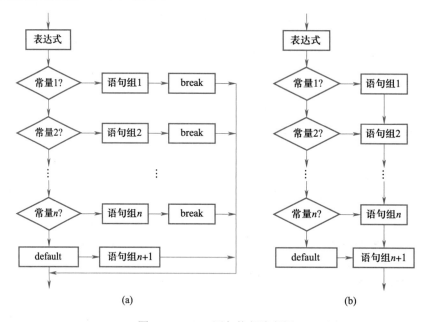

图 2.8　switch 语句执行流程图

使用 switch 语句时应注意如下问题：

（1）关键字 case 与常量表达式之间必须有空格分隔。

（2）case 后的常量表达式的类型必须与 switch 后的表达式类型相同；各常量表达式的值必须互不相同，常量表达式后的冒号不能少。

（3）switch 后的表达式通常是整型或字符型表达式。

（4）当各分支中有 break 时，各分支出现的先后次序可以任意，不会影响执行结果；当各分支无 break 语句时，程序将依次执行各分支语句组，直到结束，这时要注意各分支语句出现的先后次序。

（5）default 分支是可选的。

2.4　实验内容及指导

一、实验目的及要求

1. 掌握选择结构 if、if-else、else-if 语句的正确使用方法。

2. 掌握 switch 语句的正确使用方法。

二、实验项目

实验 2.1　编写程序 SY2-1.C，从键盘输入一个正整数 *n*，判别它的奇偶性，并输出其是奇数还是偶数。

实验 2.2　用 else-if 语句编写程序 SY2-2.C，根据输入的学生成绩，按 A(90～100 分)，B(80～89 分)，C(70～79 分)，D(60～69 分)，E(60 分以下)输出相应的等级 A～E，如果成绩大于 100 分或小于 0 分，则输出"Input Error!"。

实验 2.3　用 switch 语句改写程序 SY2-2.C。

实验 2.4　完善程序 SY2-4.C，程序的功能是判断一个数的个位数字和百位数字之和是否等于其十位数上的数字，是则输出"yes!"，否则输出"no!"。

请勿改动程序中的其他任何内容，仅在方括号[ ]处填入所编写的若干表达式或语句，并去掉方括号[ ]及括号中的数字。

实验 2.1 要点提示

实验 2.2 要点提示

习　题　2

一、选择题

2.1　在下面给出的 4 个语句段中，能够正确表示以下函数关系的是（　　　）。

$$y = \begin{cases} -1 & (x < 0) \\ 0 & (x = 0) \\ 1 & (x > 0) \end{cases}$$

（A）if(x!=0)
　　　　if(x>0)y=1;
　　　　else y=−1;
　　　else y=0;

（B）y=0;
　　　if(x>=0)
　　　　if(x)y=1;
　　　　else y=−1;

（C）if(x<0) y=−1;
　　　　if(x!=0) y=1;
　　　else y=0;

（D）y=−1;
　　　if (x!=0)
　　　　if(x>0) y=1;
　　　　else y=0;

2.2　设有定义"int a=1, b=2, c=3;"，以下语句中执行效果与其他 3 个不同的是（　　　）。

（A）if(a>b) c=a, a=b, b=c;
（B）if(a>b) {c=a, a=b, b=c;}
（C）if(a>b) c=a; a=b; b=c;
（D）if(a>b) {c=a; a=b; b=c;}

2.3　有如下嵌套的 if 语句

```
if (a<b)
  if(a<c) k=a;
  else k=c;
else
  if(b<c) k=b;
```

```
      else k=c;
```

以下选项中与上述 if 语句等价的是（   ）。

（A）k = (a<b) ? a : b; k = (b<c) ? b : c;

（B）k = (a<b) ? ((b<c) ? a:b) : ((b>c) ? b:c);

（C）k = (a<b) ? ((a<c) ? a:c) : ((b<c) ? b:c);

（D）k = (a<b) ? a : b; k = (a<c) ? a : c;

2.4　在如下程序段中，x 的值在哪个范围内才会有输出结果（   ）。

```
if( x<=3 );  else
if( x!=10 )  printf( "%d\n", x );
```

（A）不等于 10 的整数　　　　　　　（B）大于 3 且不等于 10 的整数

（C）大于 3 或等于 10 的整数　　　　（D）小于 3 的整数

2.5　以下程序段中，与语句 "k=a>b?(b>c?1:0):0;" 功能相同的是（   ）。

（A）if((a>b)&&(b>c)) k=1;　　　　（B）if((a>b)||(b>c)) k=1;

　　　 else k=0;　　　　　　　　　　　 else　 k=0;

（C）if(a<=b) k=0;　　　　　　　　 （D）if(a>b) k=1;

　　　 else　 if(b<=c) k=1;　　　　　　 else　 if(b>c) k=1;

　　　　　　　　　　　　　　　　　　　　　 else　 k=0;

二、读程序分析程序的运行结果

2.6　运行以下程序的输出结果为（   ）。

```
#include <stdio.h>
int main(void)
{
    int i=0, j=0, a=6;

    if ((++i>0) || (++j>0)) a++;
        printf("i=%d,j=%d,a=%d\n", i, j, a);
        return(0);
}
```

（A）i=0,j=0,a=6　　　　　　　　 （B）i=1,j=1,a=7

（C）i=1,j=0,a=7　　　　　　　　 （D）i=0,j=1,a=7

2.7　运行以下程序的输出结果为（   ）。

```
int main(void)
{
    int i=1, j=1, k=2;
    if((j++ || k++) && i++)

    printf("%d,%d,%d\n", i, j, k);
    return(0);
}
```

（A）1,1,2　　　　（B）2,2,1　　　　（C）2,2,2　　　　（D）2,2,3

2.8　运行以下程序的输出结果为（   ）。

```
int main(void)
```

```
{
    int x=1,a=0,b=0;

    switch(x)
    {  case 0: b++;
       case 1: a++;
       case 2: a++;b++;
    }
    printf("a=%d,b=%d\n",a,b);
    return(0);
}
```
（A）a=2,b=1　　（B）a=1,b=1　　（C）a=1,b=0　　（D）a=2,b=2

2.9　运行以下程序的输出结果为（　　　）。
```
#include <stdio.h>
int main(void)
{
    int x=1, y=0, a=0, b=0;
    switch(x)
    {
        case 1:
            switch(y)
            {
                case 0: a++; break;
                case 1: b++; break;
            }
        case 2:
            a++; b++; break;
        case 3:
            a++; b++;
    }

    printf("a=%d,b=%d\n", a, b);
    return(0);
}
```
（A）a=1,b=0　　（B）a=2,b=1　　（C）a=1,b=1　　（D）a=2,b=2

三、填空题
2.10　当 a=1, b=2, c=3, d=0 时，以下程序段的输出结果是_____。
```
if( a==1 )
  if( b!=2 )
    if( c==3 )   d=1;
    else        d=2;
  else if(c!=3) d=3;
  else         d=4;
else           d=5;
```

```
printf( "%d\n", d );
```

2.11 运行以下程序段的输出结果是_____。

```
int    a,b,c;
a=10;  b=50;  c=30;
if( a>b ) a=b, b=c; c=a;
printf( "a=%d b=%d c=%d \n", a, b, c );
```

2.12 将以下程序写成三目运算表达式是_____。

```
if(a>b) max = a;
else  max = b;
```

第3章 循环结构

日常生活中有很多有规律重复的问题，例如，在每圈 400 米的圆形跑道上完成 5×400 米的接力赛，需要 5 个人分别在 400 米的跑道上跑一圈，始点是起跑线，终点是第 5 个人最后回到的始点，每一次重复执行的是不同的人在相同的跑道上完成的跑步。在程序设计中有很多需要通过重复执行一些操作才能解决的问题，这些问题可以用循环结构方便地得到解决。

以 1～100 求和为例说明如何使用循环结构解决问题。计算 1～100 的和，重复进行的是加法运算，求和的两个对象是前次求和的结果与下一个数，循环累加的初值为 1，累加到 100 结束。所以，循环结构需要确定循环初值，循环继续（或结束）的条件，循环执行的操作（循环体内容），这些内容确定后，就可以用语句 while、do-while 或 for 实现循环。

3.1　求　和　问　题

3.1.1　案例

【例 3-1】　求任意两个正整数 m、n 之间的自然数之和（m≤n）$\sum\limits_{i=m}^{n} i$。

算法分析：从键盘上输入满足 m≤n 的两个正整数 m、n，求 m～n 之和的运算是加法运算，计算 m～n 之间自然数之和的具体实现步骤如下：

① 初始化求和变量：sum=0；

② 从键盘输入 m 和 n；

③ 判断 m 是否小于或等于 n，是则执行④，否则执行⑤；

④ 计算 sum+m→sum, m+1→m；返回执行③；

⑤ 输出求和结果 sum；

⑥ 结束程序的执行。

源代码 3-1：
sum.cpp

例 3-1   sum.cpp

```
1   #include <stdio.h>
2   int main(void)
3   {
4       int m, n;                    /* 定义 2 个整型变量 */
5       long sum=0;                  /* 定义求和变量并初始化为 0 */
6
7       printf("Please input two integer(≥0): ");/* 输出提示信息：输入两个整数 */
8       scanf("%d%d",&m, &n);        /*从键盘输入任意两个整数存于变量 m 和 n 中*/
9       while((m<=n)                 /* 当 m<n 时,执行循环体语句,否则结束循环 */
10       {
11          sum=sum+m;               /* 求和 */
12          m++;                     /* m = m+1 */
13       }
14       printf("sum=%d", sum);      /* 输出结果 */
15       return(0);
16  }
```

程序运行结果：
```
Please input two integer(>0): 1 100↙
sum=5050
```
思考：

（1）如果去掉 while 循环体的花括号或交换循环体内两条语句的顺序会出现什么结果？为什么？

（2）如果要求任意两个整数 m、n 之间所有奇数自然数之和（m<n），如何修改例 3-1？

3.1.2 while 语句

当满足某一条件时，反复执行一组语句，直到该条件不成立时结束该语句组执行，这类问题可以使用 while 循环语句实现。如例 3-1 的第 9~13 行构成了一个 while 循环。

while 语句的一般格式为：

while（**表达式**）
　　循环体语句

其中，表达式可以是任意合法的表达式，一般为关系表达式或逻辑表达式；循环体语句可以是一条简单语句，也可以是一条复合语句。

图 3.1 是 while 循环的执行流程图，其执行步骤如下：

① 计算表达式的值，当表达式的值为非 0，执行②；否则（值为 0）执行④。

② 执行循环体语句。

③ 转向①。

④ 结束 while 循环。

图 3.1　while 语句的执行流程图

3.2　求　π　值

3.2.1　案例

【例 3-2】 用下面公式求 π 的近似值，直到最后一项的值小于指定的误差为止：

$$\frac{\pi}{4} \approx 1 - \frac{1}{3} + \frac{1}{5} - \frac{1}{7} + \cdots$$

算法分析：观察上面的公式，π 的近似值等于等式右边的计算结果乘以 4。等式右边的分母是一个等差数列，1 3 5 7 …，分子是 1，奇数项和偶数项的符号分别为正和负。求和时，每一项的分母要改变，符号也要改变。

其具体实现步骤如下：

① 初始化：fz=1,fm=1,pi=0,t=fz/fm;

② 从键盘输入一个指定误差 n;

③ 计算 pi=pi+t; fm+=2; fz=-fz; t=fz/fm; 转去执行③;

④ 若 t 的绝对值大于或等于 n，则执行③，否则执行⑤;

⑤ pi=pi*4; 输出 pi。

源代码 3-2：
comput_pi.cpp

例 3-2	comput_pi.cpp

```
1   #include<stdio.h>
2   #include<math.h>
3   int main(void)
4   {
5       double n, pi=0, t, fm=1;
6       int fz=1;
```

例 3-2   comput_pi.cpp

```
7
8       t=fz/fm;

9       printf("Enter a float number, for example 0.000001: ");
10      scanf("%lf",&n);

11

12      do{
13          pi=pi+t;
14          fm+=2;
15          fz=-fz;
16          t=fz/fm;
17      } while(fabs(t)>n)
18      pi=pi*4;

19      printf("pi=%lf", pi);
20      return 0;
21  }
```

程序运行结果：
```
Enter a float number, for example 0.000001: 0.000001↙
pi= 3.141594
```

※ fabs( )是对实型数求绝对值的数学函数，fabs(t)是对 t 求绝对值。

3.2.2　do-while 语句

do-while 语句的特点是先执行循环体，然后判断循环条件是否成立，以决定循环是否继续进行。

do-while 语句的一般格式为：

```
Do
    循环体语句
while（表达式）;
```

与 while 语句一样，这里的表达式可以是任意合法的表达式；循环体语句可以是一条简单语句，也可以是一条复合语句。

do-while 语句执行的流程如图 3.2 所示，即：

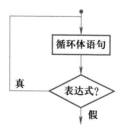

图 3.2　do-while 语句的执行过程

① 执行一次循环体语句。

② 计算 while 表达式的值，若表达式的值为"真"，转去执行①；若为"假"，执行③。

③ 结束 do-while 循环。

※ 与 while 语句不同的是 do-while 语句是先执行循环体语句，再判断循环是否继续进行。

思考：如何用 while 语句改写例 3-2 中的 do-while 语句？

3.3 素 数 问 题

3.3.1 案例

【例 3-3】 从键盘上输入一个正整数 m，判断它是否为素数。若是素数，则输出"Yes!"，否则，输出"No!"。

算法分析：素数是指除了能被 1 和它本身整除外，不能被其他任何整数整除的数。例如，13 就是一个素数，这是因为除了 1 和 13 以外，13 不能被 2～12 之间的任何一个整数整除。因此，判断一个数 m 是否是素数的方法是：用 2～m−1 之间的数依次去除 m，若 m 与 2～m−1 中的任何一个数相除都除不尽，即余数都不为 0，则说明 m 是素数；反之，只要有一个能除尽(余数为 0)，则 m 就不是素数。用数学的方法可以证明：只要 2～$\sqrt{m}$ 之间(取整数)的任何数都不能将 m 整除，就可说明 m 是素数，用这种方法可以大大减少计算工作量。

其具体实现步骤如下：

① 从键盘输入一个正整数 m。

② 计算 $\sqrt{m}$，并将结果赋值给变量 n。

③ 循环。循环变量 k 从 2 变化到 n。

④ 检查 m%k 是否为 0，若 m%k 为 0，则 m 不是素数，结束循环，继续执行⑤；否则，k++；继续执行④，直到 k 等于 n 为止。

⑤ 若 k>n，则输出 m 是素数，否则输出 m 不是素数。

例 3-3	primenumber.cpp

源代码 3-3: primenumber.cpp

```
1   #include<stdio.h>
2   #include<math.h>
3   int main(void)
4   {
5     int m,n,k;
6
7     printf("Enter a number: ");
8     scanf("%d",&m);
```

例 3-3   primenumber.cpp

```
 9
10    n=(int)sqrt((double)m);
11    for(k=2;k<=n;k++)
12      if(m%k==0)
13          break;
14
15    if(k>n)
16      printf(" %d is a prime number!\n",m);
17    else
18      printf(" %d is not a prime number!\n",m);
19    return(0);
20  }
```

程序运行结果：

Enter a number: 13↙

13 is a prime number!

程序及知识点解析

如果某数为素数,在例3-3的11～13行的循环中,第12行的判断条件(m%k==0)就不会成立,循环结束时,循环变量 k 的值将大于 n。反之,若该数为非素数,在第11～13行的循环中,总有一个 k 值会使 m%k==0 成立,这时便会执行 break 语句,提前结束循环,这时 k 值就会小于等于 n。因此,第15行根据 k 是否大于 n 决定输出该数为素数还是非素数。

微视频 3-1：
循环的实现

3.3.2   for 语句

for 语句是 C 程序中使用最多、最为灵活的一种循环语句。很多循环问题都可以选择 3 种循环语句中的一种来实现。通常情况下 for 语句用于实现循环次数已知的循环, 而 while 和 do-while 语句则用于实现循环次数未知的循环。

for 语句的一般格式为:

for（表达式 1；表达式 2；表达式 3）
   循环体语句

其中:

（1）for 是关键字。

（2）括号内的表达式可以是任意的合法表达式。表达式 1 通常是赋值表达式或逗号表达式,用于为循环变量赋初值;表达式 2 通常为关系表达式,也称为控制表达式,用于控制是否执行循环体语句;表达式 3 称为循环增量,通常为自增或自减表达式,用于改变循环变量的值,使表达式 2 逐步向循环结束的方向发展。

（3）括号中的分号是表达式值之间的分隔符,不是语句标志。

（4）循环体语句可以是一条简单语句,也可以是一条复合语句。

for 语句的执行过程如图 3.3 所示。即：

① 求解表达式 1。

② 求解表达式 2，判断表达式 2 的值，若值为真，则执行循环体语句；若为假，则结束循环。

③ 求解表达式 3。

④ 转向②。

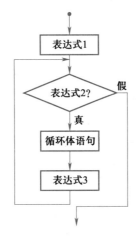

图 3.3 for 语句的执行流程图

3.4 输 出 图 形

微视频 3-2：
输出图形

3.4.1 金字塔

【例 3-4-1】 用循环嵌套输出如图 3.4 所示的"金字塔"图形。

图 3.4 "金字塔"图形

算法分析：由如图 3.4 所示的"金字塔"图形可知，该图形由 5 行组成，图形的每一行都由星号"*"前的空格和星号"*"组成。每一行"*"前的空格个数和"*"的个数都不同。每一行都是先输出若干个空格，再输出若干个"*"，它们的关系如表 3.1 所示。

表 3.1 "金字塔"图形的相关信息

行　　数	"*"前的空格个数	"*"的个数
1	5	1
2	4	3
3	3	5
4	2	7
5	1	9

程序中用 3 个循环变量 i、j、k 分别控制输出行数、每行的空格数、每行的"*"个数；i 为外循环、j 和 k 为两个内循环，分析清楚三者之间的关系就可以分别写出 3 条循环语句了。

源代码 3-4-1：
output_pyramid.
cpp

例 3-4-1   output_pyramid.cpp

```
1    #include <stdio.h>
2    int main(void)
3    {
4        int i, j, k;
5
6        for(i=1; i<=5; i++)            /* 控制输出行数 */
7        {
8            for(j=0; j<=5-i; j++)
9                printf("%2c", ' ');    /* 输出空格 */
10           for(k=1; k<=2*i-1; k++)
11               printf("%2c", '*');    /* 输出"*"号 */
12        printf("\n");
13       }
14       return(0);
15   }
```

程序及知识点解析

例 3-4-1 中的第 6～14 行构成了一个两重 for 循环，其中第 6 行是外循环，第 8～9 行和第 10～11 行分别为嵌套在外层 i 循环中的内循环。除了 for 循环，while 和 do-while 循环语句也可以嵌套，3 种循环语句也可以相互嵌套。

3.4.2　九九乘法表

【例 3-4-2】 输出如图 3.5 所示的下三角九九乘法表。

算法分析：计算机在屏幕上输出结果时，是按行输出的。首先输出第 1 行，然后再依次输出第 2 行、第 3 行…直到最后一行。

输出第 1 行时首先输出"*"，然后循环输出数字 1～9，换行。

*	1	2	3	4	5	6	7	8	9
--									
1	1								
2	2	4							
3	3	6	9						
4	4	8	12	16					
5	5	10	15	20	25				
6	6	12	18	24	30	36			
7	7	14	21	28	35	42	49		
8	8	16	24	32	40	48	56	64	
9	9	18	27	36	45	54	63	72	81

图 3.5 下三角九九乘法表

第 2 行是一条虚线，可以用循环按字符 '-' 输出，也可以按字符串输出，然后换行。

从第 3 行开始，用两重循环输出，先输出行号 i，再输出该行的 i 个数，然后换行。

九九乘法表的输出是有规律可循的。从第 3 行第 2 列开始的输出结果是一个下三角形，这个下三角形就是一个下三角的九九乘法表。九九乘法表中的每一个数就是它所在的行号（图中第 1 列对应的数）和列号（图中第 1 行对应的数）相乘的结果。

注意：每输出一行都要换行，否则结果就会输出在同一行上了。

例 3-4-2   multiplicationtable.cpp

源代码 3-4-2：multiplication-table.cpp

```
1    #include<stdio.h>
2    int main(void)
3    {
4      int i,j;
5
6
7
8      for(i=1;i<=9;i++)
9          printf("%5d",i);
10     printf("\n");
11
12     for(i=1;i<=54;i++)
13          printf("%c"," -"));
14     printf("\n");
15
16     for(i=1;i<=9;i++)
17     {
18          printf("%5d",i);
19          for(j=1;j<=i;j++)
20              printf("%5d",i*j);
```

```
21          printf("\n");
22      }
23
24      return(0);
25  }
```

程序运行结果如图 3.5 所示。

3.5 实验内容及指导

一、实验目的及要求

1．掌握循环结构程序设计的基本方法，熟练运用 for 语句、while 语句、do-while 语句。

2．掌握控制转移语句的正确使用方法，理解限定转向语句 break、continue、return 在不同语句中的应用。

二、实验项目

实验 3.1 编写程序 SY3-1.C，输出 m～n 中的全部素数。

思考：如何输出大于 m 的 10 个素数？如何输出小于 m 的 10 个素数？

实验 3.2 编写程序 SY3-2.C，输出如图 3.6 所示的上三角九九乘法表。

实验 3.2 要点提示

*	1	2	3	4	5	6	7	8	9
1	1	2	3	4	5	6	7	8	9
2		4	6	8	10	12	14	16	18
3			9	12	15	18	21	24	27
4				16	20	24	28	32	36
5					25	30	35	40	45
6						36	42	48	54
7							49	56	63
8								64	72
9									81

图 3.6 上三角九九乘法表

实验 3.3 编写程序 SY3-3.C，编写程序输出 3 位数中的所有水仙花数。

说明：如果一个 3 位数的个位数、十位数和百位数的立方和等于这个 3 位数，则称该数为水仙花数。

实验 3.4 要点提示

实验 3.4 编写程序 SY3-4.C。该程序的功能是：输入一串字符，按 Enter 键结束输入，分别输出其中的英文字母、数字字符和其他字符（字母和数字字符以外的字符）的个数。

📖 提示：

（1）判断 ch 是否为字母，可以用如下语句：

```
if((ch>='A')&&(ch<='Z')||(ch>='a')&&(ch<='z'))
```

而不能用：

```
if('A'<=ch<='Z'||'a'<=ch<='z')
```

（2）判断 ch 是否为数字字符，可以用下面语句：

```
if ((ch>='0')&& (ch<='9'))
```

而不能用：

```
if ('0'<=ch<='9')
```

实验 3.5　完善程序 SY3-5.C，程序的功能是：从键盘上输入一个整型数，输出这个数的位数，直到输出整数为 0 时结束。

请勿改动程序的其他任何内容，仅在方括号[ ]处填入所编写的若干表达式或语句，并去掉方括号[ ]及括号中的数字。

实验 3.6　改错题。程序 SY3-6.C 的功能是：计算并输出 k 以内最大的 6 个能被 7 或 11 整除的自然数之和。k 值由键盘输入，若 k 值为 450，则计算结果为 2 619。

请改正程序中的错误，不得增删行，也不得更改程序的结构，使程序能得到正确结果。

*__实验 3.7__　编写程序 SY3-7.C。程序的功能是：利用如下泰勒级数计算 $\sin(x)$ 的值，要求最后一项的绝对值小于 10^{-5}，并统计出满足条件时累加了多少项。

$$\sin(x) \approx x - \frac{x^3}{3!} + \frac{x^5}{5!} - \frac{x^7}{7!} + \cdots$$

例如，从键盘输入 2 赋值给 x，则输出结果为：$\sin(x)=0.909297$，count=6。

习　题　3

一、选择题

3.1　C 语言中用于结构化程序设计的 3 种基本结构是（　　）。

（A）顺序结构、选择结构、循环结构　　（B）if、switch、break

（C）for、while、do-while　　（D）if、for、continue

3.2　在下列选项中，会构成无限循环的是（　　）。

（A）int i=100;

　　　 while(1)

　　　 {

　　　　　 i = i%100 + 1;

```
            if(i==100) break;
        }
```

（C）int k=10000;   （D）int s=36;

```
            do{k++;}while(k>10000);              while(s--s;
```

3.3 以下不会构成无限循环的语句或者语句组是（   ）。

（A）n=0;   （B）n=0;

```
    do{++n;} while(n<=0);                while(1){n++;}
```

（C）n=10;   （D）for(n=0,i=1; ;i++) n+=i;

```
    while(n); {n--;}
```

3.4 对以下程序段的描述，正确的是（   ）。

```
x=-1;
do
{x=x*x;}
while(!x);
```

（A）是死循环   （B）循环执行两次

（C）循环执行一次   （D）有语法错误

二、读程序分析程序的运行结果

3.5 以下程序运行后的输出结果是（   ）。

```
#include<stdio.h>
int main(void)
{
    int a=1, b=2;

    for( ; a<8; a++ ) { b+=a; a+=2; }
    printf( "%d,%d\n", a,b );
    return(0);
}
```

（A）9,18   （B）8,11   （C）7,11   （D）10,14

3.6 以下程序运行后的输出结果是（   ）。

```
#include <stdio.h>
int main(void)
 {
    int n=2, k=0;

    while( k++ && n++>2 );
    printf( "%d  %d\n", k, n );
}
```

（A）0 2   （B）1 3   （C）5 7   （D）1 2

3.7 以下程序运行后的输出结果是（   ）。

```
#include <stdio.h>
```

```
int main(void)
{
    int x=8;

    for( ; x>0; x--)
    {
        if(x%3)
        {
            printf("%d, ", x--);
            continue;
        }
        printf("%d, ", --x);
    }
}
```
（A）7,4,2　　　　（B）8,7,5,2　　　（C）9,7,6,4　　　　（D）8,5,4,2

3.8　下述程序段中，i>j 共执行的次数是（　　　）。

```
#include <stdio.h>
int main(void)
{
    int i=0, j=10, k=2, s=0;
    for( ; ; )
    {
        i+=k;
        if( i>j )
        {
            printf( "%d",s);
            break;
        } s+=i;
    }
}
```
（A）4　　　　　　（B）7　　　　　（C）5　　　　　（D）6

三、填空题

3.9　当整型变量 k=1、s=0 时，以下程序段运行后，s 的值为＿＿＿＿＿＿。

```
do
{ if( (k%2) != 0 ) continue;
  s+=k; k++;
}while( k >10);
```

3.10　输入一个整数，判断其是否为素数，若为素数则输出 1，否则输出 0，if
语句的条件表达式为＿＿＿＿＿＿。

```
int i, x, y=1;
scanf("%d", &x);
for(i=2; i<=x/2; i++)
```

```
        if_____{ y=0; break;}
    printf ("%d\n", y);
```

3.11   以下程序段运行后，sum 的值为_____。

```
for( i=3; i>=1; i-- )
{
  sum = 0;
  for( j=1; j<=i; j++ )    sum += i*j;
}
```

第4章 函数

4.1 人民币兑换问题

4.1.1 案例

微视频 4-1：
引入函数

【例 4-1】 用 1 元 5 角人民币兑换 5 分、2 分和 1 分的硬币（要求每种都要有）100 枚，求有多少种兑换方案，每种方案各兑换多少枚硬币？

算法分析：设兑换的 5 分、2 分和 1 分硬币各为 a、b、c 枚，因此有：

$$a+b+c=100 \qquad\qquad (1)$$

$$5a+2b+c=150 \qquad\qquad (2)$$

分析可知，要保证每一种硬币都有，则 5 分的硬币最多只能换 29 枚，2 分的硬币最多只能换 72 枚，由公式(1)可得 1 分的硬币最多只能换 100–a–b 枚。当 a、b、c 满足公式(2)，即为一组满足条件的兑换方案。对每一组满足条件的兑换方案进行计数，就可得到兑换方案的数量。

按如图 4.1 所示的算法步骤就可实现兑换。

源代码 4-1-1：
RMBexchange1.cp

例 4-1-1 　　　　　　　　RMBexchange1.cpp

```
1   #include<stdio.h>
2   void change( )
3   {
4     int a, b, c, count=0;
5
6     for(a=1; a<=29; a++)
7       for(b=1; b<=72; b++)
8       {
9             c=100-a-b;
10            if(a*5+2*b+c==150)
11            {
12                printf("%d,%d,%d\n",a,b,c);
13                count++;
```

例 4-1-1   RMBexchange1.cpp

```
14  |         }
15  |      }
16  |    printf("count=%d\n",count);
17  | }
18  |
19  | int main(void)
20  | {
21  |    change( );
22  |    return(0);
23  | }
```

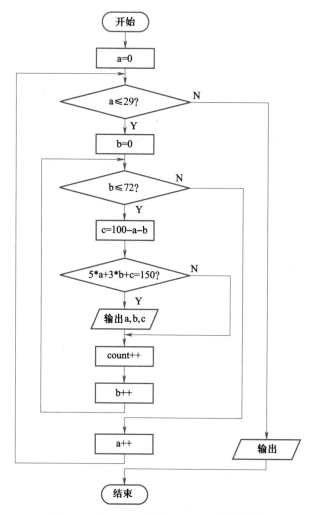

图 4.1　例 4-1-1 中函数 change( )的流程图

程序运行结果：

```
1, 46, 53
2, 42, 56
```

```
3, 38, 59
4, 34, 62
5, 30, 65
6, 26, 68
7, 22, 71
8, 18, 74
9, 14, 77
10, 10, 80
11, 6, 83
12, 2, 86
count=12
```

源代码 4-1-2：
RMBexchange2.cpp

例 4-1-2　　　　　　　　RMBexchange2.cpp

```
1    #include<stdio.h>
2    int change( )
3    {
4        int a, b, c, count=0;
5
6        for(a=1; a<=29; a++)
7          for(b=1; b<=72; b++)
8          {
9              c=100-a-b;
10             if(a*5+2*b+c==150)
11             {
12                 printf("%d,%d,%d\n",a,b,c);
13                 count++;
14             }
15         }
16       return(count);
17   }
18
19   int main(void)
20   {
21       int count;
22
23       count = change( );
24       printf( "%d\n", count );
25       return(0);
26   }
```

4.1.2 函数的定义

在 C++环境中，所有函数都必须先定义（或声明）后调用。定义一个函数就是
要确定该函数的名称、函数返回值的类型、要实现的功能（函数体）、需要接收的

参数（形参）及其类型等。函数是由函数头和函数体组成的。函数定义的一般形式是：

```
返回值类型  函数名(类型标识符  形式参数 1,类型标识符  形式参数 2...)  /* 函数头 */
{
        函数体变量定义或说明部分；                                    /* 函数体 */
        函数体可执行语句部分；
}
```

说明：

（1）系统把没有指定返回值类型的函数默认为 int 型；当函数只完成特定的操作而无须返回值时，可将函数定义为 void 型。在例 4-1-1 中，函数 change( )没有返回值，因此被定义为 void 型。

（2）函数名和形式参数（又称为形参，函数名后圆括号中的内容）都是由用户命名的标识符，函数名与其后的圆括号之间不能有空格。在同一程序中，函数名必须唯一。

（3）不同函数中可以有相同的变量名，它们代表的是不同的变量，如例 4-1-2 中，main( )函数和 change( )函数中有名字相同的变量 count，但它们代表的并不是相同的变量，而是各自函数体内的局部变量，系统会给它们分配不同的内存单元；但同一函数中不能有相同变量名却是显而易见的。

4.1.3　无参函数的调用

定义的函数通过函数调用得到执行，实现其功能。函数调用可以作为一条语句出现，如例 4-1-1 中第 21 行调用函数 change( )；也可以出现在表达式中，如例 4-1-2 中第 23 行函数调用 change( )出现在赋值语句的右边；除此之外，还可以作为函数的参数调用。

无参函数调用的一般形式为：

```
函数名( );
```

函数名后的一对圆括号中没有参数但圆括号不能省略。在例 4-1-1 的第 21 行和例 4-1-2 的第 23 行都调用了无参函数 change( )。这里将 main( )函数称为主调函数，change( )函数称为被调用函数。当被调用函数不需要使用主调函数中的数据时，通常可以将被调用函数定义为无参函数。一个函数可以被一个或多个函数多次调用。

4.1.4　函数的返回值

在例 4-1-2 中，被调用函数 change( )通过 return 语句返回了 count 值。实际上，函数的返回有带值返回和不带值返回两种。

1. 带值返回

带值返回是通过 return 语句实现的。return 语句完成如下两项操作：

① 返回计算结果。

② 使程序返回到主调函数中调用该函数的语句处继续执行后面的语句行。例如，例 4-1-2 中第 16 行的 return 语句就是将 change( ) 函数中 count 的计算结果返回到 23 行赋给 main( ) 函数中的 count 变量。

return 语句的一般形式为：

```
return （表达式）；
```

或

```
return 表达式；
```

return 语句中表达式的值就是所求的函数值，因此表达式值的类型应该与所定义的函数类型一致。若不一致，系统将以函数类型为准自动进行转换。需要注意的是，return 语句只能返回一个值。在一个函数体中，可以根据需要在多处使用 return 语句，但只可能执行一条 return 语句。例如：

```
if(x<0)
    return( x*x+x-2 );            /* 如果 x 小于 0，返回 x*x+x-2 的值 */
else
    return( x*x-x+2 );            /* 如果 x 大于或等于 0，返回 x*x-x+2 的值 */
```

在上面程序段中有两处出现了 return 语句，但程序只可能根据 if 语句的条件选择执行其中一条。

📖 提示

（1）若函数被定义为 void 类型，表示无返回值，函数体中不能用 return 语句。否则，编译时会报错。

（2）函数不仅可以返回 int 型、char 型、float 型和 double 型的数据，还可以返回一个地址或指针。

2．不带值返回

不带值返回一般不用 return 语句，当程序执行到函数结束的花括号 "}" 时，自动返回到主调函数，这时没有确定的函数值返回。

说明：

由于类型的检查只在编译中进行，连接和运行时不进行类型检查。因此，当函数返回的数据类型与调用函数所定义的类型不一致时，函数的定义和函数的调用在同一个文件中，编译程序可以发现该错误并停止编译；如果函数的定义和调用不在同一个文件中，则编译程序无法发现这种错误。

4.2 三角形问题

4.2.1 案例

【例 4-2】 判断任意 3 条边是否能构成三角形的问题。在 main( ) 函数中任意输入三角形的 3 条边，判断能否构成三角形。如果能，判断构成的是等腰三角形、直角三角形还是一般三角形。要求将三角形的 3 条边作为函数参数进行传递。

算法分析：首先根据输入的三角形的 3 条边 a、b、c 确定能否构成三角形？构成三角形的基本条件是 $(a+b)>c$ && $(b+c)>a$ && $(a+c)>b$。如果满足上述条件，再进一步判断是什么三角形，具体判断条件为：

（1）等腰三角形的条件是有两条边相等，即 $a=b$ 或 $b=c$ 或 $a=c$。由于 a、b、c 可能为实数，因此在程序中不能直接进行实数的比较，通常采用的是将它们之差的绝对值与一个较小的数进行比较，例如，可用如下表达式进行比较：

$fabs(a-b)<=0.1 \,\|\, fabs(b-c)<=0.1 \,\|\, fabs(a-c)<=0.1$

（2）直角三角形的条件是有两条边的平方和与第三边的平方相等，即 $a^2+b^2=c^2$ 或 $b^2+c^2=a^2$ 或 $a^2+c^2=b^2$。和（1）的道理相同，在程序中不能直接进行实数的比较，因此可以采用如下表达式进行比较：

fabs(a*a+b*b−c*c)<=0.1 || fabs(b*b+c*c−a*a)<=0.1 || fabs(a*a+c*c−b*b)<=0.1

算法具体实现步骤如下：

① 输入三角形的 3 条边 a、b、c；

② 判断能否构成三角形，若能，则继续执行③，否则输出不能构成三角形。

③ 判断是否能构成等腰三角形，是，则输出是等腰三角形，不是，则判断是否能构成直角三角形，是，则输出是直角三角形；否则，输出能构成一般三角形。

源代码 4-2-1：
triangle1.cpp

例 4-2-1   triangle1.cpp

```
1   #include<stdio.h>
2   #include<math.h>
3   #define M 0.01
4   void triangle(double a1,double b1,double c1)
5   {
6     if((a1+b1)>c1 && (b1+c1)>a1 && (a1+c1)>b1)
7     {
8       if(fabs(a1-b1)<=M || fabs(b1-c1)<=M || fabs(a1-c1)<=M)
9         printf("It is a isoceles triangle.\n");
10      else if(fabs(a1*a1+b1*b1-c1*c1)<=M||fabs(b1*b1+c1*c1-a1*a1)<=
                                      M||fabs(a1*a1+c1*c1-b1*b1)<=M)
11        printf("It is a right-angled triangle.\n");
12      else
13        printf("It is a triangle.\n");
14    }
15    else
16      printf("It is not a triangle.\n");
17  }
18
19  int main(void)
20  {
```

例 4-2-1　　　　　　　triangle1.cpp

```
21      double a, b, c;
22
23      do
24      {
25        printf("\nEnter the three edge(example:3 4 5): ");
26        scanf("%lf%lf%lf", &a, &b, &c);
27        triangle(a, b, c);
28        printf("\nContinue(Y/N)? ");
29        ch=getchar( );
30        if(ch=='N' || ch=='n')
31          break;
32      }while(1);
33      return(0);
34  }
```

程序运行结果：

```
Enter the three edge(example:3 4 5): 3 4 5↙
It is a right-angled triangle.
Continue(Y/N)?y↙
Enter the three edge(example:3 4 5): 3 3 4↙
It is a isoceles triangle.
Continue(Y/N)?y↙
Enter the three edge(example:3 4 5): 3 4 8↙
It is not a triangle.
Continue(Y/N)?n↙
```

4.2.2　函数调用的一般形式

1．函数调用的一般形式为：

函数名(实际参数列表)；

微视频 4-2：
传值调用

说明：当实际参数（简称实参）列表中有多个实参时，各参数之间用逗号隔开。实参和形参不仅个数要相同，而且实参类型必须与对应的形参类型相同或赋值兼容。实参可以是常量、变量、表达式、指针变量、地址常量等。

2．函数调用的步骤如下：

（1）形实结合。计算实参的值，并将计算后的值赋给对应位置上的形参。

（2）执行被调用函数。程序执行的控制流程转移到被调用函数，执行被调用函数的函数体语句，直到函数体语句执行完（即执行到函数的右花括号"}"）或遇到 return 语句。

（3）回到主调函数。程序执行的控制流程重新回到主调函数，继续执行主调函数中的其他语句。

说明：

（1）如果在被调用函数中需要使用主调函数中的数据时，则在定义被调用函数时就需要带参数（形参）。将被调用函数中需要的数据通过主调函数的实参复制给被调用函数的形参，这个过程称为函数间的参数传递或形实结合。例如，在例 4-2-1 中的第 27 行，主函数 main( ) 调用 triangle( ) 函数时将 a、b、c 的值作为实参传给形参变量 a1、b1、c1。

（2）函数间的参数传递是单向传递，即由主调函数的实参传递给被调用函数的形参，而形参的值是不能传递给实参的。例如，执行例 4-2-1 的第 27 行时，将实参变量 a、b、c 的值分别传递（复制）给第 4 行的形参变量 a1、b1、c1，当函数 triangle( ) 结束调用时（执行到第 17 行），无论 a1、b1、c1 的值是否被改变，其值都不能传递给实参 a、b、c。

（3）根据函数调用时传递的数据不同，可将函数调用分为传值调用和传址调用。传值调用是指把实参表示的数值传递给形参，例如，例 4-2-1 中第 27 行的函数调用就是传值调用；传址调用是指把实参表示的地址传递给形参，详见 6.1.5。

4.2.3 函数原型

当用户自定义函数与主调函数在同一个源程序文件中，被调用函数的定义出现在主调函数之后，则在主调函数中需要对被调用函数进行函数原型声明。

函数原型声明的一般格式为：

返回值类型　函数名(类型标识符 1, 类型标识符 2, …);

或

返回值类型　函数名(类型标识符 1　形参名 1, 类型标识符 2　形参名 2, …);

说明：

（1）函数原型声明简称为函数原型或函数声明。C/C++ 语言编译系统根据函数原型检查函数的类型、函数名、参数个数、参数的类型和顺序，而不检查参数名。形参名完全是虚设的，它们可以是任意的用户标识符，且不必与函数首部中的形参名一致。因此，一般采用前一种函数说明形式（参见例 4-2-2 中第 8 行）。

（2）如果被调用函数的声明出现在文件的开头或主调函数之前，则在主调函数中不必再声明各被调用函数。函数原型声明出现在主调函数内，则只能通过主调函数调用该函数。

（3）当被调用函数的定义出现在主调函数之后，Visual C++ 系统要求在主调函数中对所有类型的被调用函数进行声明。例 4-2-1 中 triangle( ) 函数的定义出现在主调函数 main( ) 之前（第 4～17 行），则不需要在主调函数中对被调用函数 traingle( ) 进行声明。

当把例 4-2-1 中的 main( ) 函数与 triangle( ) 函数交换位置，如例 4-2-2 所示，即被调用函数 triangle( ) 的定义（例 4-2-2 的第 24～37 行）出现在 main( ) 函数之后，这时就需要在 main( ) 函数中或 main( ) 函数之前对 triangle( ) 函数原型进行声明，例如，例 4-2-2 的第 8 行。

例 4-2-2   triangle2.cpp

源代码 4-2-2：
Triangle2.cpp

```c
#include<stdio.h>
#include<math.h>
#define M 0.01

int main(void)
{
   double a, b, c;
   void triangle(double, double, double ); /* 该行函数的声明也可放在第 4 行 */
   char ch;
    do
    {
      printf("\nEnter the three edge(example:3 4 5): ");

      scanf("%lf%lf%lf", &a, &b, &c);
      triangle(a, b, c);
      printf("\nContinue(Y/N)? ");
      ch=getchar( );
      if(ch=='N' || ch=='n')
          break;
    }while(1);
    return(0);
}

 void triangle(double a1,double b1,double c1)
{
   if((a1+b1)>c1 && (b1+c1)>a1 && (a1+c1)>b1)
   {
     if(fabs(a1-b1)<=M || fabs(b1-c1)<=M || fabs(a1-c1)<=M)
            printf("It is a isoceles triangle.\n");
     else if(fabs(a1*a1+b1*b1-c1*c1)<=M||fabs(b1*b1+c1*c1-a1*a1)<=M||fabs(a1*a1+c1*c1-b1*b1)<=M)
            printf("It is a right-angled triangle.\n");
     else
            printf("It is a triangle.\n");
   }
   else
     printf("It is not a triangle.\n");
}
```

4.2.4 变量作为形参

当用常量、普通变量、表达式或数组元素作为实参时，相应的形参应该是同类型的变量。如果实参是常量，则将常量值复制给形参变量，例如，在如下所示的

program 1 程序段中，main( )函数调用 fun1( )函数时分别将实参常量 4、5.5、'a'分别复制给形参变量 a、b、c；如果实参是变量，则在函数调用之前该变量必须要有确定的值，以便传递给形参，如例 4-2-1 中函数的调用；如果实参是表达式，则调用函数时先计算表达式的值，然后将计算结果传递给对应的形参，例如，在 program 2 程序段中，main( )函数调用 fun2( )函数时首先计算表达式 a*b*b 的值，然后再将其结果复制给函数 fun2( )对应的形参 aa。不同系统对实参表达式的计算顺序不同，如 Visual C++ 2010 Express 的计算顺序是从右至左。

```
/* program 1 */
void fun1(int a, float b, char c)
{
  ……
}

int main(void)
{
  fun1(4, 5.5, 'a')
    ……
}

/* program 2 */
void fun2(int aa)
{
  ……
}

int main(void)
{
  int a, b;

    ……
  fun2(a*b*b)
    ……
}
```

4.3　二分法求方程的根

4.3.1　案例

【例 4-3-1】　用二分法求方程 $2x^3-4x^2+3x-6=0$ 在[−10,10]之间的根。

算法分析：根据二分法求根的算法思想，可得到二分法求根算法实现的具体步骤如下。

① 将区间的两个端点值 $x1$ 和 $x2$ 分别设为-10 和 10。

② 根据 $2x^3-4x^2+3x-6$ 计算两个端点 $x1$ 和 $x2$ 的函数值 $f1$ 和 $f2$。

$$f1=2*x1*x1*x1-4*x1*x1+3*x1-6$$
$$f2=2*x2*x2*x2-4*x2*x2+3*x2-6$$

③ 计算当前中点 $x0$ 及其函数值 $f0$。

$$x0=(x1+x2)/2$$
$$f0=2*x0*x0*x0-4*x0*x0+3*x0-6$$

④ 判断，如果 $f0*f1<0$，即 $f0$ 和 $f1$ 异号，说明根在 $f0$ 和 $f1$ 之间，则将 $x2$ 点移到 $x0$ 点即 $x2=x0$，$f2=f0$；否则将 $x1$ 点移到 $x0$ 点，即 $x1=x0$，$f1=f0$。

⑤ 如果 $fabs(f0)≥1e-5$，转去执行③，否则执行⑥。

⑥ 输出方程的根。

在例 4-3-1 中自定义函数 biaecion( )用于实现二分法求根的算法，通过 main( ) 函数调用实现。

源代码 4-3-1：
rootbydichotomy.
cpp

例 4-3-1　　　　　　　　rootbydichotomy.cpp

```
1    #include<stdio.h>
2    #include<math.h>
3    double x1 = -10;
4    double x2 = 10;
5    int main(void)
6    {
7      double x0;
8      double biaecion( );
9
10     x0 = biaecion( );
11     printf("The Result is : %lf", x0);
12     return(0);
13   }
14
15    double biaecion( )
16    {
17      double x0, f0, f1, f2;
18
19      f1=2*x1*x1*x1 - 4*x1*x1 + 3*x1 - 6;
20      f2=2*x2*x2*x2 - 4*x2*x2 + 3*x2 - 6;
21      do{
22          x0 = (x1 + x2)/2;
23          f0=2*x0*x0*x0 - 4*x0*x0 + 3*x0 - 6;
24          if( f0*f1 < 0 )
25          {
26              x2 = x0;
```

例 4-3-1　　　　　　　　　　rootbydichotomy.cpp

```
27              f2 = f0;
28           }
29           else
30           {
31              x1 = x0;
32              f1 = f0;
33           }
34        }while(fabs (f0) >= 1e-5);
35     return(x0);
36  }
```

4.3.2　局部变量与全局变量

C 程序中的变量分为局部变量和全局变量，不同的变量在程序中可被使用的有效范围不同，这称为变量的作用域。

1. **局部变量**是指在函数内部定义的变量或者在一对花括号（又称为"语句块"）中定义的变量，它们的作用域就在定义它们的函数内部或者花括号中，无法被其他函数的代码所访问。函数的形式参数的作用域也是局部的，它们的作用范围仅限于函数内部所用的语句块。例如在例 4-3-1 中 biaecion( )函数内定义的变量 x0、f0、f1、f2 以及 main( ) 函数中定义的 x0 都是局部变量。

局部变量只在它的作用域内占有其存储空间，在作用域范围之外，它所占用的内存就被释放了，例如，biaecion( ) 函数内定义的变量 x0、f0、f1、f2 只有当 biaecion( ) 函数被 main( )函数调用时才被分配存储空间，当调用结束返回 main( )函数时，它们所占用的存储空间就被释放了。没有初始化的局部变量，其值是一随机值，例如例 4-3-1 的第 17 行中局部变量 x0、f0、f1、f2 被定义时没有赋初值，这时它们的值就是内存中的随机值。

2. **全局变量**是指在函数外部定义的变量，其作用域为从定义开始的整个程序，可以在定义它们之后的任何位置访问它们，例如例 4-3-1 中的第 3、4 行中定义的 x1 和 x2。全局变量 x1 和 x2 在整个程序运行期间都会占有其存储空间，直到程序运行结束时才会被释放。系统会为没有被初始化的全局变量自动赋初值 0。

如果将例 4-3-1 中的第 3～13 行的内容改为下面程序段：

```
1  double x1;                /* 全局变量自动初始化为 0 */
2  double x2;                /* 全局变量自动初始化为 0 */
3  int main(void)
4  {
5     double x0, x1, x2;     /* x0、x1、x2 为局部变量 */
6     double biaecion( );
7
8      printf("\nEnter x1,x2: ");
```

```
9       scanf("%lf,%lf",&x1,&x2);
10
11      x0 = biaecion( );
12      printf("The Result is : %lf", x0);
13      return(0);
14   }
```

这时，上面程序段中的第 1、2 行定义的 x1 和 x2 是没有被赋初值的全局变量，系统会自动为其赋初值 0，但在 main( ) 函数中第 5 行定义的 x1 和 x2 是局部变量，与 biaecion( ) 函数中的 x1 和 x2 不同，因此在 main( ) 函数中输入的 x1 和 x2 值并不会被传到 biaecion( ) 函数中。

4.3.3 变量的存储类型

变量的存储类型决定该变量分配的存储区类型，它决定该变量的作用域（即可见性）和生命期（变量值的存在时间）。C 语言的变量有 4 种存储类型：静态型（static 型）、外部型（extern 型）、自动型（auto 型）、寄存器型（register 型）。定义变量的一般形式为：

> 存储类型　数据类型　变量名表；

变量的默认存储类型为 auto 型，通常省略不写。因此，没有指定变量存储类型时，变量的存储类型就默认为 auto 型。

1. auto 型变量

函数中的形参和在函数体中定义的变量（包括在复合语句中定义的变量），都属于 auto 型变量，是动态分配的。当函数被调用时，就为其分配内存空间，当该函数执行结束时，就释放为其分配的内存空间。可见，auto 型变量的作用域是其所在的一对花括号内，其生命期是在执行所属函数的时间区间。每次执行定义 auto 型变量的函数或语句块时，程序都会为 auto 型变量在内存中产生一个新的拷贝，并重新对其进行初始化。

2. static 型变量

static 型变量是静态分配的，即编译时，在特定的内存区为其分配内存空间，所分配的内存空间在整个程序运行中自始至终都归该变量使用。

static 型变量分为内部静态变量和外部静态变量：

● 内部静态变量：与 auto 型变量相同的是，该变量也在函数内定义，其作用域仅限于定义它的函数内部。不同于 auto 型变量的是，在没有被赋值时，系统会为其赋初值 0，且具有全局的生命期。

● 外部静态变量：是在函数外部定义的变量，其作用域是定义它的源文件，即对该源文件之外的文件是不可见的。编译时，外部静态变量是在包含它的源文件所在的程序代码区中为其分配存储空间，该空间在整个程序执行过程中都归该变量所有，直到程序执行结束时才被释放。

当很多人共同完成一个大程序时，每个人的程序文件都是各自编译的，其中难免有些人使用了同名的全局变量，为了使最后程序连接成一个可执行程序时这些同名变量和函数互不干扰，可以使用 static 修饰符，使其对连接到同一个程序的其他代码文件不可见。

【例 4-3-2】　计算并输出 1 到 10 的阶乘值。

源代码 4-3-2:
factorial.cpp

| 例 4-3-2 | factorial.cpp |

```
1    int main(void)
2    {
3            long fac(int);
4            int n;
5            for(n=1; n<=10; n++)
6                printf("%d!= %ld, ", n, fac(n));
7            return(0);
8    }
9
10   long fac(int a)
11   {
12           static long k = 1;
13           k = k*a;
14           return k;
15   }
```

程序运行结果：

1!=1, 2!=2, 3!=6, 4!=24, 5!=120, 6!=720, 7!=5040, 8!=40320, 9!=362880, 10!=3628800,

说明：在 main( )函数中循环调用了 10 次 fac( )函数，分别计算 1!、2! …10!，每次调用 fac( )函数时，内部静态变量 k 都会保留 fac( )函数上一次返回 main( )函数的值。

4.4　实验内容及指导

一、实验目的及要求

1. 掌握函数的定义和调用方法。
2. 掌握函数间数据的传值调用以及 return 语句的使用方法。
3. 掌握局部变量和全局变量的作用域以及它们在程序中的使用方法。

二、实验项目

实验 4.1　编写程序 SY4-1.C 实现，在 main( )函数中输入两个正整数，调用 gcd( )函数求这两个数的最大公约数，通过 return 语句返回所求的最大公约数。

【指导】求两个正整数 u 和 v 的最大公约数的步骤如下：

（1）若 v 不等于 0，执行（2），否则执行（3）。

（2）用 u 除以 v 求余数 t，将 v 赋值给 u，t 赋值给 v，转去执行（1）。

（3）u 为最大公约数。

程序运行实例：

```
Enter a,b: 15 3↙
The Result is: 3
```

实验 **4.2**要点提示

　　实验 4.2　编写程序 SY4-2.C 实现，在 main( ) 函数中输入两个正整数 m 和 n，调用 fun( ) 函数，根据公式 p=m!/(n!(m−n)!) 求 p 的值，计算结果由 return 语句返回到 main( ) 函数中。m 与 n 为两个正数且要求 m>n。例如，m=12、n=8 时，运行结果为 495.000 000。完善 fun( ) 函数。

　　实验 4.3　SY4-3.C 的功能是计算并输出 high 以内最大的 10 个素数之和。high 的值由主函数传给 fun( ) 函数。若 high 的值为 100，则函数的值为 732。请改正程序中的错误，使程序能输出正确的结果。

实验 4.4 要点提示

　　注意：不要改动 main( ) 函数，不得增行或删行，也不得更改程序结构。

　　实验 4.4　编写程序 SY4-4.C 实现，在 main( ) 函数中输入 3 个数 x1、x2、x3，调用 fun( ) 函数，找出其中的最大值和最小值后将其分别赋给变量 max 和 min，并在 main( ) 函数中输出 max 和 min。

　　实验 4.5　SY4-5.C 中函数 fun( ) 的功能是：统计所有小于等于 n（n>2）的素数的个数，并将统计结果作为函数值返回。

　　注意：请勿改动程序中的其他任何内容，仅在方括号[ ]处填入相应表达式或语句，并删除方括号[ ]及括号中的数字。

习　题　4

一、选择题

4.1　以下关于 return 语句的叙述中正确的是（　　　）。

　　（A）一个自定义函数中必须有一条 return 语句

　　（B）一个自定义函数中可以根据不同情况设置多条 return 语句

　　（C）定义成 void 类型的函数中可以有带返回值的 return 语句

　　（D）没有 return 语句的自定义函数在执行结束时不能返回到调用处

4.2　以下正确的说法是（　　　）。

　　（A）定义函数时，形参的类型说明可以放在函数体内

　　（B）return 语句后边的值不能为表达式

　　（C）如果函数值的类型与返回值类型不一致，以函数值类型为准

　　（D）如果形参与实参类型不一致，以实参类型为准

4.3　若有以下程序

```
#include <stdio.h>
void f(int n);
int main(void)
{
    void f( int n );
    f(5);
}
void f(int n)
{ printf("%d\n",n); }
```

则以下叙述中不正确的是（　　　）。

（A）若只在 main( )中对函数 f( )进行说明，则只能在 main( )中正确调用函数 f( )

（B）在 main( )前对函数 f( )进行说明，则在 main( )和其后的其他函数中都可以正确调用函数 f( )

（C）对于以上程序，编译时系统会提示出错信息：提示对 f( )函数重复说明

（D）函数 f( )无返回值，所以可用 void 将其类型定义为无返回值型

4.4　以下叙述中不正确的是（　　　）。

（A）在不同函数中可以使用相同名字的变量

（B）函数中的形式参数是局部变量

（C）在一个函数内定义的变量只在本函数范围内有效

（D）在一个函数内的复合语句中定义的变量在本函数范围内有效

4.5　以下函数头定义形式中正确的是（　　　）。

（A）double fun(int x,int y)　　　（B）double fun(int x;int y)

（C）double fun(int x,int y);　　　（D）double fun(int x,y);

二、读程序分析程序的运行结果

4.6　运行以下程序后的输出结果是（　　　）。

```
#include <stdio.h>
int f( int  n );
int main(void)
 {
    int  a=3, s;

    s=f(a); s=s+f(a);
    printf( "%d\n", s );
}
int  f( int n )
{
    static int a=1;

    n += a++;
```

```
        return n;
    }
```
（A）7   （B）8   （C）9   （D）10

4.7   运行以下程序后的输出结果是（   ）。

```
#include<stdio.h>
int f( int x, int y )
{  return(( y-x )* x );  }
int main(void)
{
    int a=3, b=4, c=5, d;

    d = f( f(a,b), f(a,c) );
    printf( "%d\n", d );
}
```
（A）10   （B）9   （C）8   （D）7

4.8   运行以下程序后的输出结果是（   ）。

```
#include <stdio.h>
void fun( int  p )
{
    int  d=2;

    p=d++;
    printf( "%d", p );
}
int main(void)
{
    int  a=1;

    fun(a);
    printf( "%d\n", a );
}
```
（A）32   （B）12   （C）21   （D）22

三、填空题

4.9   以下程序的功能是：通过函数 func( )输入字符并统计输入字符的个数。输入时用字符@作为输入结束标志。请完善以下程序。

```
#include <stdio.h>
long _____
int main(void)
{  long n;

    n = func( );  printf( "n=%ld\n", n );
}
long func( )
  {
```

```
        long m;

        for( m=0; getchar( ) != '@';  _____ );
        return  m;
    }
```

4.10 以下程序的输出结果是_____。

```
void fun( )
{
    static int a=0;

    a+=2; printf("%d",a);
}
int main(void)
{
    int cc;

    for(cc=1;cc<4;cc++)  fun( );
    printf("\n");
}
```

第5章　数组

在实际编程中,当要对一组类型相同的数据或多组类型相同的数据进行操作时,这时用定义一组成多组变量来实现已经无能为力了,而用一维数组或二维数组进行编程则很容易实现,并且会使程序设计变得更简便。

5.1　日　期　转　换

微视频 5-1:
数组的引入

5.1.1　案例

【例 5-1】　给定一个日期（年、月、日）,编程计算其是该年中的第几天。

算法分析:假设给定的日期是 1998 年 6 月 3 日,首先要考虑 1998 年是否为闰年,然后才能进行计算。对于闰年和平年不同的只是 2 月份的天数不同,闰年 2 月份的天数是 29 天,平年 2 月份的天数为 28 天,因此,可以得到闰年和平年每月的天数:

闰年 1～12 月天数为:31、29、31、30、31、30、31、31、30、31、30、31

平年 1～12 月天数为:31、28、31、30、31、30、31、31、30、31、30、31

具体算法步骤如下:

① 判断输入的年 year 是否为闰年,即表达式(year%4==0 && year%100!=0) || (year%400==0)是否为真,若不为真,则执行②,否则执行③。

② 第 n 天=31+28+31+30+31+30+31+31+30+31+30+31。

③ 第 n 天=31+29+31+30+31+30+31+31+30+31+30+31。

④ 输出第 n 天,结束运行。

在这里,闰年和平年的 1～12 月的天数可以分别用 1 个一维数组存放,也可以用一个 2 行 12 列的二维数组存放。例如,第 1 行存放闰年 12 个月的天数,第 2 行存放平年 12 个月的天数。

源代码 5-1:
date_conversion.
cpp

例 5-1   date_conversion.cpp

```
1    #include<stdio.h>
2    int main(void)
3    {
4        int year,month,day,dth;
5        int ConvertDate(int,int,int);
6
7        printf("Enter year,month,day: ");
8        scanf("%d,%d,%d",&year,&month,&day);
9
10       dth = ConvertDate(year,month,day);
11       printf("It is %dst of the year.",dth);
12       return(0);
13   }
14
15   int ConvertDate(int year, int month, int day)
16   {
17       int i,dth=0;
18       int dayrun[12]={31,29,31,30,31,30,31,31,30,31,30,31};
19       int daypin[12]={31,28,31,30,31,30,31,31,30,31,30,31};
20
21       if((year%4==0&&year%100!=0)||year%400==0)
22           for(i=0;i<month-1;i++)
23               dth+=dayrun[i];
24       else
25           for(i=0;i<month-1;i++)
26               dth+=daypin[i];
27       dth+=day;
28       return(dth);
29   }
```

程序运行结果：
```
Enter year,month,day: 2016,3,1
It is 61st of the year.
```

5.1.2 一维数组的定义

数组是指一组具有相同类型的变量，这些变量占有一段连续的内存单元，它们具有相同的名字和不同的下标。例如，x[0]、x[1]、x[2]…是名字为 x 的数组，其中每一个数组元素 x[i]（又称为带下标的变量）通过其下标 i（该变量在数组中的相对位置）来引用。

定义一维数组的一般形式为：

类型标识符 数组名[整型常量表达式];

其中，整型常量表达式表示维长，即数组元素的个数或数组长度。例如，例 5-1 中的第 18 行定义了一个长度为 12、名字为 dayrun 的整型数组。除此之外，该定义还说明了以下 3 点：

（1）数组元素的下标从 0 开始，dayrun 数组中有 12 个元素，即 dayrun[0]、dayrun[1]、dayrun[2]... dayrun[11]。其中 dayrun 表示数组名，数组名代表该数组的首地址，即第 1 个数组元素 dayrun[0]的地址。

（2）数组中的每一个元素都是整型。

（3）C 编译程序将为 dayrun 数组分配如图 5.1 所示的 12 个连续的内存单元，每个单元的长度由其类型标识符决定，通过数组元素就可访问各内存单元。

31	29	31	30	31	...	30	31
dayrun[0]	dayrun[1]	dayrun[2]	dayrun[3]	dayrun[4]	...	dayrun[10]	dayrun[11]

图 5.1　为数组 dayrun 分配的 12 个连续内存单元的示意图

📖 **提示**

（1）如果定义了一个长度仅为 12 的数组，程序中却引用了第 13 个数组元素，就会引起"下标越界"错误，这样会破坏数组以外其他变量的值，可能会造成严重的后果。由于 C 语言的编译程序不检查这类错误，编写程序时要特别注意。

（2）数组长度必须在定义时给出，不能作动态定义，即定义数组时，方括号中只能是常量，不能是变量，也不能为空（数组的初始化例外）。例如，下面定义数组 dayrun 的形式是错误的。

```
int k=10, dayrun[k];  /* 方括号中用了变量 k */
int dayrun[];         /* 编译系统不知道要为dayrun数组分配多大的存储空间 */
```

5.1.3 一维数组的初始化

例 5-1 中的第 18、19 行是对数组进行初始化，即在定义数组的同时给数组元素赋初值。初始化数组的一般形式为：

类型标识符 数组名[常量表达式]={数值表};

其中，数值表中的各项要用逗号隔开。

例 5-1 的第 18 行中，对数组的初始化是给全部数组元素赋初值，花括号中的数字个数与方括号中的数组长度一致。

⊠ **如果花括号中提供了多余的数据，编译系统将给出如下错误信息：**

```
Too many initializers in function xxxxxx
```

数组的初始化还可采用以下 3 种形式：

（1）在不指定数组长度的情况下，对全部数组元素赋初值，即

```
int dayrun[ ]={31,29,31,30,31,30,31,31,30,31,30,31};
```

这时数组的长度由系统根据花括号中数字个数自动确定。

（2）只对部分元素赋初值。这时系统会自动给未赋初值的元素赋 0，例如：

```
int dayrun[12]={31,29,31,30,31,30,31};
```

这里 dayrun 数组的长度被定义为 12，但花括号中只提供了 7 个数值，这时系统初始化会自动给 dayrun 数组的后 5 个数组元素赋初值 0。

（3）对全部数组元素赋初值 0，可以采用下面两种方法：

```
int dayrun[12 ]={0};
```

或系统自动为 dayrun[0]～dayrun[11] 赋初值 0

```
static int dayrun[12];
```

系统自动给静态 static 数组 dayrun[0]～dayrun[11]赋初值 0

📖 提示

（1）对于定义"int dayrun[12];"，系统虽然为 dayrun 分配了一段连续的内存单元，但这些内存单元中并没有确定的值，在编写程序时要特别小心。

（2）对于静态数组的定义"static int dayrun[12];"，系统会自动对所有数组元素赋初值 0。静态数组在整个程序运行期间都不会释放占用的存储空间，直到程序运行结束。

5.2 找 最 大 数

5.2.1 案例

【例 5-2】 输入一个学生的 8 门课程成绩，找出其中的最高分及其下标。

算法分析：可用依次比较法找最高分，通过比较得到当前的最高分后，就将该数和其下标分别保存在变量 max 和 n 中。

源代码 5-2：maxnumber.cpp

例 5-2　　　　　　　　maxnumber.cpp

```
1  #include<stdio.h>
2  #define N 8                                    /* 宏定义 */
3  int n;
4
5  int main(void)
6  {
7    int k=0, max, result[N];
8    int MaxValue( int result[N] );
9
10   printf("\ninput result[%d]~ result[%d]:", k, N-1); /* 提示输入N个数 */
11   for(; k<N; k++)
12     scanf("%d", &result[k]);                   /* 循环输入N个数 */
13
14   max = MaxValue( result)
15   printf("\nmax = %d, subscript = %d\n", max, n );/* 输出最大值及其下标 */
```

例 5-2　　　　　　　　　　　　maxnumber.cpp

```
16      return(0);
17   }
18
19   int MaxValue( int result[N] )
20   {
21      int k=0, max=result[0];
22
23      for( k=1; k<N; k++)  /* 找最大数存放在 max 中, 将其下标存放在 n 中 */
24         if( result[k] > max)
25         {
26            max = result[k];
27            n = k;
28         }
29      return(max);
30   }
```

程序运行结果:

```
input result[0]~ result[7]:  85 90 76 56 78 89 89 89 ✓
max =90, subscript =1
```

5.2.2　数组元素的引用

数组必须先定义,后引用。其引用形式为:

数组名[下标]

其中,下标可以是整型常量或整型表达式,例如,a[2]、a[n-1]、a[2*3]等。需要注意的是,我们只能逐个引用数组元素的值,不能对数组进行整体操作。例如,例 5-2 中的第 11~12 行只能依次逐个给数组元素 result[k]输入数据。如果将第 11~12 行用语句行"scanf("%d", result)"替换则是错误的。

5.2.3　一维数组名作为函数的参数

例 5-2 中第 14 行是将一维数组名 result 作为实参,这时相应的形参(例 5-2 中的第 19 行圆括号中的参数)可以是与实参类型相同的一维数组或指针变量(参见第 6 章)。形参一维数组的大小可以指定与实参数组相同(例 5-2 中第 19 行形参数组 result 的大小与实参数组的大小相同),也可以不指定大小(例 5-3-1 中第 21 行数组 x[]的方括号中为空),函数调用时将实参数组 result 的首地址传给形参,形参数组 result 就可以使用从该地址开始的一段内存空间了,内存的大小与实参数组的大小相同。

📖 **提示**

形参数组(变量、指针)名与实参数组(变量、指针)名可以相同,也可不同,无论相同与否,它们都是各自函数中的局部变量,不能混为一体。

5.3　一维数组名作为函数的参数案例

5.3.1　冒泡排序

【例5-3-1】　输入8个整型数，用冒泡排序法将其按从小到大的顺序输出。

算法分析：用冒泡排序实现 N 个数从小到大排序的基本方法是：将待排序的 N 个数依次进行相邻两个数的比较，如果不符合由小到大的顺序要求，则交换两个数的位置，否则不交换。经过 N–1 次这样的操作（也称为一趟冒泡），最大的数就交换到了最后的位置，即该元素的最终位置。

第 2 趟冒泡排序时，只需依次对余下（前面）的 N–1 个数按第 1 趟冒泡排序的方法进行操作，经过 N–2 次比较，次大数就会排到倒数第 2 个数的位置上。

依此类推，N 个数最多经过 N–1 趟冒泡就会按从小到大的顺序排列。

冒泡排序主要是通过比较决定是否交换两数的位置来实现的，所以又称为交换排序。

例如，用冒泡排序将如下 8 个整型数由小到大排列，其排序过程如图 5.2 所示。

88	92	76	63	83	81	72	89	排序前
88	92	76	63	83	81	72	89	第1次比较
88	76	92	63	83	81	72	89	第2次比较
88	76	63	92	83	81	72	89	第3次比较
88	76	63	83	92	81	72	89	第4次比较
88	76	63	83	81	92	72	89	第5次比较
88	76	63	83	81	72	92	89	第6次比较
88	76	63	83	81	72	89	92	第7次比较

(a) 第1趟冒泡排序的结果

[88	76	63	83	81	72	89]	92	第1趟冒泡后
[76	63	83	81	72	88]	89	92	第2趟冒泡后
[63	76	81	72	83]	88	89	92	第3趟冒泡后
[63	76	72	81]	83	88	89	92	第4趟冒泡后
[63	72	76]	81	83	88	89	92	第5趟冒泡后
[63	72]	76	81	83	88	89	92	第6趟冒泡后
63	72	76	81	83	88	89	92	第7趟冒泡后

(b) 各趟冒泡排序的结果

图 5.2　冒泡排序示意图

图 5.2（a）是第 1 趟冒泡排序比较和交换的过程，图 5.2（b）是各趟排序的结果，方括号[ ]后面的数是每趟排序按要求排好序的数。可见，在第 M 趟冒泡中要进行 N–M 次两个数之间的比较。

源代码 5-3-1：
bubblesort.cpp

例 5-3-1　　　　　　　　bubblesort.cpp

```
1   #include<stdio.h>
2   #define N 8
3   int main(void)
4   {
5     int x[N], a;
6     void sort(int *);
7
8     printf( "输入%d 个待排序的数：",N );
9     for(a = 0; a < N; a++)
10      scanf("%d", &x[a]);
11
12    sort( x );
13
14    printf("\n 排序结果为：");
15    for( a = 0; a < N; a++)
16      printf( "%5d ", x[a]);
17    return(0);
18
19  }
20
21  void sort( int x[] )
22  {
23    int a, b, t;
24
25    for( a=1; a < N; ++a )
26      for( b = 0; b < N-a; ++b )
27          if( x[b] > x[b+1] )
28          {
29          t = x[b];
30            x[b] = x[b+1];
31            x[b+1] = t;
32        }
33  }
```

程序运行结果：

输入 8 个待排序的数：<u>88　92　76　63　83　81　72　89</u>✓
排序结果为：63　72　76　81　83　88　89　92

5.3.2 字符串比较

【例 5-3-2】 下面程序的功能是比较两个字符串（即字符数组）是否相同，若相同则返回 1；否则返回 0。

源代码 5-3-2：
strcmp.cpp

例 5-3-2　　　　　　　　　　strcmp.cpp

```
1    #include<stdio.h>
2    int main(void)
3    {
4      char a[10], b[10];
5      int i;
6      int f(char *, char *);
7
8      printf("Enter two strings:  ");          /* 提示输入两个字符串 */
9      scanf("%s%s", a, b);                      /* 输入两个字符串 */
10
11     i=f(a, b);                                /* 调用函数 f( )，并将返
                                                     回值赋给变量 i */
12
13     printf("%d\n", i);
14     return(0);
15   }
16
17   int f(char s[], char t[])                   /* 定义函数 f( ) */
18   {
19     int i=0;
20
21     while(s[i]==t[i] && s[i]!='\0') i++;      /* 判断两个字符串对应
                                                     符是否相同 */
22     return((s[i]=='\0' && t[i]=='\0') ? 1:0);/* 返回结果 */
23   }
```

程序运行结果：

```
Enter two strings: abcdef ghij✓
0
```

程序及知识点解析：

程序中调用函数 f( )时，分别把实参一维数组 a 和 b 的首地址传给形参组 s 和 t，在被调用函数 f( )中，通过 s 和 t 间接访问实参 a 和 b 的各元素，即形参数组

元素 s[i]和 t[i]（i=0,1,…,9）分别使用实参数组元素 a[i]和 b[i]（i=0,1,…,9）的内存单元，如图 5.3 所示。

main( )函数	f( )函数		main( )函数	f( )函数
a[0] a	s[0]		b[0] g	t[0]
a[1] b	s[1]		b[1] h	t[1]
a[2] c	s[2]		b[2] i	t[2]
a[3] d	s[3]		b[3] j	t[3]
a[4] e	s[4]		b[4] \0	t[4]
a[5] f	s[5]		b[5]	t[5]
a[6] \0	s[6]		b[6]	t[6]
a[7]	s[7]		b[7]	t[7]
a[8]	s[8]		b[8]	t[8]
a[9]	s[9]		b[9]	t[9]

图 5.3 实参和形参的内存分配示意图

由图 5.3 可见，这时的一个内存有两个名字，main( )函数中的 a[i]对应 f( )函数中的 s[i]（其中，0≤i≤9），同样地 main( )函数中的 b[i]对应 f( )函数中的 t[i]，通过对应两个名字中的任何一个都可以访问该内存单元。

📖 **提示**

程序中的实参是数组名时（如例 5-3-2 中的第 11 行），形参（例 5-3-2 中的第 17 行）可以是以下三种形式之一。

（1）可变长度的数组形式 s[]和 t[]，即 f(char s[], char t[])。

（2）固定长度的数组形式，即 f(char s[10], char t[10])。

（3）还可以将形参定义为指针变量，即 f(char *s, char *t)。

对于前两种情况，函数被调用时，编译系统不给形参数组分配存储空间，而是将形参数组名转换为相应类型的指针变量，接收实参传递的地址，使形参数组和实参数组共用实参数组的内存空间。此时，形参数组不仅要与实参数组的类型一致，而且大小不能超过实参数组。当形参为上面第（3）种形式时，函数被调用时就使形参指针变量指向实参数组的首地址。

5.4 判 断 回 文

5.4.1 案例

【例 5-4】 从键盘上输入一个字符串，判断是否为回文。所谓"回文"是指顺读与倒读都一样的字符串。例如，字符串 level 和 abcddcba 都是回文。

算法分析：回文字符串实际上是一个对称的字符串，因此，可以依次对首尾对应的两个字符串进行比较，如果它们依次对应相同，说明该字符串是一个回文；反之，只要有一对不相同的字符串存在，则说明该字符串不是回文。

具体算法步骤如下：

① 输入一个字符串，求该字符串的长度 n。

② 开始循环，设置循环变量 i=0。

③ 若 i<n/2，则将字符串中的第 i 个字符 str[i]和第 n-i-1 个字符 str[n-i-1]进行比较，若字符 str[i]和字符 str[n-i-1]相同，则执行④，否则执行⑤。

④ i++，继续执行③。

⑤ 如果 i<n/2，则该字符串不是回文，否则是回文。输出结果。

算法实现中用了数组，直接用下标实现对数组元素的访问。

源代码 5-4：
palindrome.cpp

例 5-4	palindrome.cpp

```
1    #include<stdio.h>
2    #include<string.h>
3    #define N 80
4    int main(void)
5    {
6       char str[N];
7       int i;
8       int palindrome(char str[N]);
9
10      printf("Enter string: ");
11      gets(str);                          /* 输入一个字符串 */
12
13      i = palindrome(str);
14      if(i==0)
15        puts("It is not a palindrome.");  /* 输出字符串"It is not a
                                               palindrome." */
16      else
17        puts("It is a palindrome.");      /*输出字符串"It is not
                                               palindrome." */
18      return(0);
19   }
20
21   int palindrome(char str[])
22   {
23      int i, k=1, n=0;
24
25      while( str[n] )  n++;
26      for(i=0;i<n/2;i++)
27        if(str[i]==str[n-i-1])
28           i++;
29        else
30           break;
```

例 5-4	palindrome.cpp

```
31    if(i<n/2)
32        k = 0;
33    return(k);
34    }
```

程序运行结果：

```
Enter string: abcdcba↙
It is a palindrome.
```

5.4.2 字符串输入函数 gets( )

1．字符串的输入可以通过格式输入函数 scanf( )中的%s 实现，例如：

```
char str[12]
scanf ("%s", str);       /* 输入一个字符串给字符数组 str */
```

输入时系统自动在字符串后面添加结束符'\0'，所以这里输入的字符串长度不能超过 11。

2．C 语言还提供了专门的字符串输入函数 gets( )用于进行字符串的输入，如例 5-4 中的第 11 行。gets( )函数的一般调用形式如下。

```
gets(str);
```

这里 gets( )函数的功能是从键盘输入一个字符串到字符数组 str 中，其中 str 是字符型一维数组，当遇到换行符时结束输入。字符串中可以包括空格，换行符不属于字符串的内容。字符串输入结束后，系统自动将'\0'置于串尾代替换行符。若输入串长超过数组定义长度时，系统就会报错。

📖 **提示**

（1）用 scanf( )函数输入的字符串中不能有空格符，空格符和回车符都作为输入数据的分隔符；而用 gets( )函数输入的字符串中可以有空格符。

（2）使用 getchar( )函数输入字符串时，需要使用循环语句逐个字符地进行输入；而使用 gets( )函数输入字符串则不需要使用循环。因此，使用 gets( )函数输入字符串更加便捷和不易出错。

5.4.3 字符串输出函数 puts( )

1．字符串的输出可以通过格式输出函数 printf( )中的%s 实现。例如：

```
char str[20] ;
gets(str);
printf("%s", str);       /* 输出一个字符串 */
```

2．C 语言还提供了 puts( )函数输出字符串，如例 5-4 中的第 15、17 行。puts( )函数的一般调用形式为：

```
puts(str);
```

这里 puts( )函数的功能是把 str 中字符串的内容输出到屏幕上。输出时遇到第 1 个 '\0' 时结束输出，'\0'被译成换行。字符串中可以包含转义字符。

📖 **提示**

（1）用 scanf( )和 printf( )函数不仅可以输入和输出字符型数据，还可以输入和输出整型和实型数据。而 getchar( )、putchar( )、gets( )、puts( )函数只能用于输入和输出字符型数据。

（2）使用 putchar( )函数输出字符串时，需要使用循环语句逐个字符地进行输出；而使用 puts( )函数输出字符串时，则不需要使用循环。

5.5 字 符 后 移

5.5.1 案例

【例5-5】 从键盘上输入一个字符串，将该字符串向后移动 m 位，将移出的 m 个字符依次放在字符串前面的 m 个位置上，输出移动后的字符串。

算法分析：根据题意，假设输入的字符串为 abcdefghijk，指定后移 4 位，则移动后的字符串为 hijkabcdefg。由图 5.4 可知，要将长度为 n 的字符串后移 m 位，就是要将字符串后面的 m 个字符（即下标为 n-1,n-2,…,n-m 的字符）依次放到下标为 m-1,m-2,…,1,0 的位置上，把下标为 0,1,…,n-1-m 的字符依次移到下标为 m,m+1,…,n-1 的位置上。

移动前的下标	0	1	2	3	4	5	6	7	8	9	10
移动前的字符串	a	b	c	d	e	f	g	h	i	j	k
移动后的字符串	h	i	j	k	a	b	c	d	e	f	g
移动后的下标	0	1	2	3	4	5	6	7	8	9	10

图 5.4 字符串移动前后的示意图

如果用一维数组实现，可以先将要移出的字符依次存放在一个一维数组中，将原始字符串向后移动 m 位，然后再把移出的字符串依次放入原始字符串的前 m 位。例如，将输入的字符串 abcdefghijk 放入字符数组 str1 中，移出的 4 个字符 hijk 依次放入字符数组 str2 中，再把字符串 abcdefghijk 后移 4 位，变为 abcdefg，最后将移出的 4 个字符 hijk 依次放入字符数组 str1 的前面 4 位。

具体算法实现步骤如下：
① 输入字符串 str1，输入要后移的位数 m。
② 求字符串 str1 的长度。
③ 将 str1 的后 m 位取出，放入一维数组 str2 中。
④ 将 str1 向后移动 m 位。
⑤ 将 str2 中的 m 个字符放入 str1 的前 4 位中。
⑥ 输出结果。

例 5-5	string_moveback.cpp

源代码 5-5:
string_moveback.
cpp

```
1    #include<stdio.h>
2    #include<string.h>
3    #define N 80
4    int main(void)
5    {
6      char str1[N];
7      int m, n;
8      void MoveBack(char str1[N], int, int);
9
10     printf("\nEnter str1: ");
11     gets(str1);
12     n = strlen(str1);              /* 求字符串 str1 的长度 */
13     printf("\nEnter m: ");
14     scanf("%d",&m);
15
16     MoveBack(str1, n, m);
17     printf("\nResult is:%s",str1);
18     return(0);
19   }
20
21   void MoveBack(char str1[], int n, int m)
22   {
23     char str2[N];
24
25     strncpy(str2, str1, n-m);    /*将 str1 中前 n-m 个字符复制到 str2 中*/
26     str2[n-m]=0;
27     strcpy(str1, &str1[n-m]);    /*strcpy()函数用法见 5.5.2 节*/
28     strcat(str1, str2);          /*将 str2 连接到 str1 后面*/
29   }
```

程序运行结果：

```
Enter str1: abcdefghij↙
Enter m: 3↙
Result is: hijabcdefg
```

5.5.2　常用字符串处理函数

C 语言中没有提供对字符串进行合并、比较和赋值等操作的运算符，但却为字符串的操作提供了专门的标准函数。这些函数的原型在头文件 string.h 中，在调用这些函数前一定要使用"#include <string.h>"命令。

在下列函数中出现的 str、str1 和 str2 可以是字符数组名或字符串常量，也可以是指针变量名（参见第 6 章）。

1. 求字符串长度函数 strlen( )

调用 strlen( )函数的一般形式是:

```
strlen (str);
```

该函数得到 str 所指地址开始的 ASCII 字符串的长度,此长度不包括字符串结束符 '\0'。例如,例 5-5 中的第 12 行就是求数组 str1 中字符串的长度。例如下面的程序段:

```
char str[ ]= "student";
printf("%d", strlen(str));
```

其输出结果是 7。

2. 字符串合并函数 strcat( )

调用 strcat( )函数的一般形式是:

```
strcat (str1, str2);
```

该函数的功能是把 str2 所指地址开始的字符串连接到 str1 所指字符串的后面,并自动删去 str1 中字符串的'\0',如例 5-5 中的第 28 行。因此,在定义 str1 时,必须为 str1 定义足够大的空间,以便能够容纳 str2 的内容。例如:

```
char str1[20] = "Happy ";
char str2[] = "New Year!";   /* 系统根据字符串的长度自动确定 str2 的长度 */

strcat(str1, str2);
printf("\n%s", str1);         /* 输出结果为: Happy New Year! */
```

不仅可以用 strcat( )函数连接两个字符串,也可用下面的程序段实现 strcat(str1, str2)的功能。

```
int k = 0, j = 0;

while(str1[k]) k++;          /* 确定 str1 的结束位置 */
while(str2[j])               /* 如果 str2[j]不是串结束符就继续循环 */
   str1[k++] = str2[j++];    /* 把 str2 中的字符依次连接到 str1 的后面 */
str1[k] = '\0';              /* 给 str1 加串结束符 */
```

3. 字符串复制函数

① 调用 strcpy( )函数的一般形式是:

```
strcpy (str1, str2);
```

该函数的功能是把 str2 所指地址开始的字符串复制到 str1 所指地址开始的一段存储空间中。因此定义 str1 时,其存储空间的长度要大于或等于 str2 的长度,以便能容纳被复制的字符串。

用赋值语句只能将一个字符赋给一个字符变量或字符数组元素,而不能将一个字符串常量或字符数组直接赋给一个字符数组。当 str1 和 str2 均为字符数组名时,下面的写法是错误的。

```
str1 = str2;                 /* 不能将一个数组名赋值给另一个数组名 */
str1 = "student";            /* 不能将一个字符串赋值给一个数组名 */
```

如果要把一个字符串常量或字符数组中的字符串赋给一个字符数组,正确的方法是:

```
strcpy (str1, str2);         /* 将 str2 中的字符串复制到 str1 中 */
strcpy (str1, "student");    /* 将字符串"student"复制到 str1 中 */
```

strcpy( )函数可用于删除一个字符串中指定位置上的字符。例如，要删除长度为 n 的字符串中的第 m 个字符可用 strcpy(&str[m-1], &str[m])，即将第 m 个字符后面的字符顺序向前移动一个位置。如果不使用 strcpy( )函数，只要把字符串中指定位置后的字符依次向前移动一个位置也可实现。

```
for(k=m; k<n; k++)          /* 将指定位置之后的字符依次向前移动一个位置 */
    str[k-1] = str[k];
str[n-1] = '\0';            /* 在串尾加串结束符 */
```

思考：如果要删除从指定位置开始的连续 n 个字符，应该如何改写上面的程序？

② C 语言还提供了另一个字符串复制函数 strncpy(str1, str2, n)，该函数是将字符串 str2 中最多 n 个字符复制到字符数组 str1 中。

strncpy( )函数调用的一般形式是：

```
strncpy (str1, str2, n);
```

该函数的功能是把字符数组 str2 中的前 n 个字符复制到字符数组 str1 中。如果 n<str2 的长度，则只将 str2 的前 n 个字符复制到 str1 的前 n 个字符，不自动添加'\0'，即 str1 中不包含'\0'，需要手动添加'\0'，如例 5-5 中的第 25～26 行。如果 str2 前 n 个字符中不含有 NULL，则结果中就不包含'\0'，如例 5-5 中的第 25 行。

4. 字符串比较函数 strcmp( )

strcmp( )函数的一般调用形式是：

```
strcmp (str1, str2);
```

该函数的功能是比较字符数组 str1 和 str2 中的字符串。函数对两个字符串中的 ASCII 字符自左向右逐个进行比较，直到遇到不同的字符或遇到'\0'为止。比较的结果由函数值返回：

① 如果字符串 str1<字符串 str2，函数值为一个负整数。

② 如果字符串 str1=字符串 str2，函数值为 0。

③ 如果字符串 str1>字符串 str2，函数值为一个正整数。

例如：

```
char str1[20]= "teacher", str2[20]= "teaching";

if(strcmp(str1, str2) == 0)         /* 比较两个字符串是否相等 */
    puts("str1 equal to str2");     /* 输出"str1 equal to str2"*/
else
    puts("str1 not equal to str2"); /* 输出"str1 not equal to str2"*/
```

程序段的输出结果为：

```
str1 not equal to str2
```

程序段根据 if 语句的判断结果进行输出，如果"strcmp(str1,str2)==0"成立，则字符数组 str1 和 str2 中的字符串相同，输出"str1 equal to str2"；否则输出"str1 not equal to str2"。由于程序中输入的两个字符串不相同，所以输出结果是"str1 not equal to str2"。

分析：字符串的大小不是根据字符串的长度确定的，而是由其 ASCII 码值决定的。比较两个字符串就是将两个字符串对应位置上的字符的 ASCII 码值进行比较，率先出现 ASCII 码值大的字符，对应的字符串就大。进行比较时，可以将两个字符串对应位置上的字符相减。如果结果为 0，表示两个字符相等，继续比较下一个字符；如果结果大于 0，表示第 1 个字符串大于第 2 个字符串；如果结果小于 0，表示第 1 个字符串小于第 2 个字符串。如果不用 strcmp( )函数，则可用下面的程序段比较两个字符串的大小：

```
i=-1
do                              /* 比较两个字符串是否相等 */
 {
    i++;
    t = s1[i] - s2[i];          /* 两个字符对应的 ASCII 码相减 */
} while(t == 0 && s1[i] != '\0');
 if(t>0)                        /* 根据 t 值，输出两个字符串的关系 */
    printf("\ns1>s2");
else if(t < 0)
    printf("\ns1<s2");
else
    printf("\ns1=s2");
```

5. 字符串小写函数 strlwr( )

调用 strlwr( )函数的一般形式是：

```
strlwr (str);
```

该函数的作用是将字符串 str 中的大写字母转换成小写字母。

6. 字符串大写函数 strupr( )

调用 strupr( )函数的一般形式是：

```
strupr (str);
```

该函数的作用是将字符串 str 中的小写字母转换成大写字母。

5.6　矩　阵　运　算

5.6.1　案例

【例 5-6】 图 5.5 所示是一个 5×5 的矩阵，编写程序完成以下计算和操作：

（1）找出其中的最大和最小元素，并指出它们所在的位置，如果有重复数，指出其中第 1 个最大或最小元素所在的位置。

（2）求两条对角线上各元素之和。

（3）求该矩阵的转置矩阵。

$$\begin{pmatrix} 17 & 24 & 81 & 8 & 15 \\ 23 & 51 & 73 & 14 & 16 \\ 49 & 62 & 13 & 20 & 22 \\ 10 & 12 & 96 & 21 & 38 \\ 34 & 46 & 52 & 85 & 61 \end{pmatrix}$$

图 5.5　5×5 的矩阵

算法分析：

（1）找最大和最小元素，实际是进行元素间的比较，每次保留当前的最大元素 max 和最小元素 min，并分别用不同的变量记下它们所在的行、列下标 lmax、cmax 和 lmin、cmin；

（2）两条对角线上的元素是指行 i 和列 j 满足 i==j 或 i+j==4 的元素；

（3）矩阵的转置是矩阵的行列互换，互换后的矩阵如图 5.6 所示。

$$\begin{pmatrix} 17 & 23 & 49 & 10 & 34 \\ 24 & 51 & 62 & 12 & 46 \\ 81 & 73 & 13 & 96 & 52 \\ 8 & 14 & 20 & 21 & 85 \\ 15 & 16 & 22 & 38 & 61 \end{pmatrix}$$

图 5.6 图 5.3 的转置矩阵

例 5-6   **matrix_transpose.cpp**

源代码 5-6：matrix_transpose.cpp

```
1   #include<stdio.h>
2   #define N 5
3   int main(void)
4   {
5       int a[N][N]={{17,24,81,8,15},{23,51,73,14,16},{49,62,13,20,22},
6                   {10,12,96,21,38},{34,46,52,85,61}};
7       int i,j,sum=0;
8       int maxlc[3],minlc[3];
9       void maxmin(int a[N][N],int maxlc[],int minlc[]);
10      int diagonals(int a[N][N]);
11      void transpose(int a[N][N]);
12
13      maxmin(a,maxlc,minlc);
14      printf("\nmax=%d lmax=%d cmax=%d\n",maxlc[0],maxlc[1],maxlc[2]);
15      printf("\nmin=%d lmin=%d cmin=%d\n",minlc[0],minlc[1],minlc[2]);
16
17      sum=diagonals(a);
18      printf("sum=%d\n",sum);
19
20      transpose(a);
21      for(i=0;i<N;i++)
22      {
23          for(j=0;j<N;j++)
24              printf("%4d",a[i][j]);
25          printf("\n");
26      }
27       return(0);
```

```
28  }
29
30  void maxmin(int a[N][N],int maxlc[],int minlc[])  /* 求最大、最小元素 */
31  {
32    int i,j;
33
34    maxlc[0]=minlc[0]=a[0][0];
35    for(i=0;i<N;i++)
36      for(j=0;j<N;j++)
37    if(a[i][j]>maxlc[0])
38    {
39       maxlc[0]=a[i][j];
40       maxlc[1]=i; maxlc[2]=j;
41    }
42    else if(a[i][j]<minlc[0])
43    {
44       minlc[0]=a[i][j];
45       minlc[1]=i; minlc[2]=j;
46      }
47  }
48
49  int diagonals(int a[N][N])                /* 求两条对角线元素之和 */
50  {
51    int i,j,sum=0;
52
53    for(i=0;i<N;i++)
54      for(j=0;j<N;j++)
55        if(i==j||i+j==4)  sum+=a[i][j];
56    return(sum);
57  }
58
58  void transpose(int a[N][N])               /* 求转置矩阵 */
59  {
60    int i,j,t;
61
62    for(i=0;i<N;i++)
63      for(j=i+1;j<N;j++)
64      {
65         t=a[i][j]; a[i][j]=a[j][i]; a[j][i]=t;
66      }
67  }
```

程序运行结果:

```
max=96   lmax=3  cmax=2
min=8    lmin=0  cmin=3
sum=238
17  23  49  10  34
24  51  62  12  46
81  73  13  96  52
8   14  20  21  85
15  16  22  38  61
```

5.6.2 二维数组

当一个数组中的数组元素具有两个下标时，该数组被称为二维数组，如例 5-6 中第 5 行的 a 数组。a 数组的第 1 维和第 2 维下标均为 N，其下标的取值为 0～N–1。系统为该数组分配一段 N×N 的连续存储单元。为了便于理解，可以把 a 数组看成具有 N 行 N 列的数组。假设定义 N 为 5，则 a 就是一个 5 行 5 列的数组，如图 5.7 所示。第 1 维和第 2 维的下标分别表示数组元素的行号和列号。

微视频 5-2: 使用数组

	第0列	第1列	第2列	第3列	第4列
第0行	a [0][0]	a [0][1]	a [0][2]	a[0][3]	a[0][4]
第1行	a [1][0]	a [1][1]	a [1][2]	a[1][3]	a[1][4]
第2行	a [2][0]	a [2][1]	a [2][2]	a[2][3]	a[2][4]
第3行	a [3][0]	a [3][1]	a [3][2]	a[3][3]	a[3][4]
第4行	a [4][0]	a [4][1]	a [4][2]	a[4][3]	a[4][4]

图 5.7 5 行 5 列 a 数组的示意图

1．二维数组的定义

二维数组定义的一般形式是:

类型标识符 数组名[常量表达式 1][常量表达式 2];

在 C 语言中，二维数组的元素是按行优先方式存放的，即先存放第 1 行元素，再存放第 2 行元素，…，依此类推。已知数组的行、列数，就可计算出数组中某个元素的位置，数组元素 a[k][j]的位置是：k×N+j+1。例如，数组元素 a[2][1]的位置是：2×5+1+1=12。

2．把二维数组分解成多个一维数组

一个 M×N 的二维数组可以看成是一个特殊的一维数组，该一维数组的每一个元素都由 M 个元素组成。对于如下定义:

```
int result[3][4];
```

可以将数组 result 看成是具有 result [0]、result [1]、result [2]三个元素的一维数组，而每一个元素 result[i]（i=0～2）又都是具有 4 个元素的一维数组，如图 5.8。

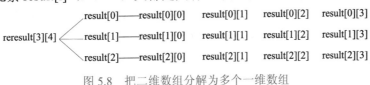

图 5.8 把二维数组分解为多个一维数组

3．二维数组元素的引用

二维数组元素的引用形式为：

> **数组名[下标 1][下标 2]**

下标 1 和下标 2 可以是整型常量或整型表达式。与一维数组一样，对二维数组也不能进行整体引用，只能对具体元素进行引用。例如：

```
result[0][0]=3;  result[0][1]=5;  result[0][2]=7;
```

其中 result[0][0]、result[0][1]、result[0][2] 都是对数组元素的引用。

4．二维数组的初始化

（1）分行对全部元素赋初值

```
int result[3][4]={{1, 2, 3, 4}, {5, 6, 7, 8}, {9, 10, 11, 12}};
```

或

```
int result[ ][4]={ {1, 2, 3, 4}, {5, 6, 7, 8}, {9, 10, 11, 12}};
```

赋值的结果是将第 1 对大括号中的 4 个值赋给 result 数组中第 1 行的 4 个元素，第 2 对大括号中的 4 个值赋给第 2 行的 4 个元素，第 3 对大括号中的 4 个值赋给第 3 行的 4 个元素。

后一种形式省略了第 1 维的长度（[ ]不能省），其长度由系统根据初始化给定的数据自动确定。要特别注意对二维数组初始化时，第 2 维的长度不能省略。

（2）按数组元素在内存中的排列顺序赋初值

```
int result[3][4]={ 1, 2, 3, 4, 5, 6, 7, 8, 9, 10, 11, 12 };
```

或

```
int result[ ][4]={ 1, 2, 3,4, 5, 6, 7, 8, 9, 10, 11, 12 };
```

系统将按行优先的方式依次给数组元素赋值。其赋值结果与（1）相同。

（3）对部分元素赋初值

```
int result[3][4]={1, 2, 3, 4};
```

或

```
int result[3][4]={{1, 2, 3}, {4}};
```

在前一种形式中，系统按数组元素在内存中的排列顺序依次将花括号中的 1、2、3、4 赋给 result[0][0]、result[0][1]、result[0][2]、result[0][3]，然后为其他元素赋初值 0。在后一种形式中，系统按行赋值，其结果与前一种形式相同。

5.6.3   二维数组名作为函数的参数

当实参为二维数组名时，相应的形参可以是与实参类型相同的二维数组或者行指针（参见第 6 章）。如例 5-6 中的第 13、17、20 行的函数调用中实参 a 和其对应的第 30、49、58 行中的形参 a 是类型、大小相同的二维数组，函数调用时把实参二维数组 a 的首地址传给形参二维数组 a，使实参 a 和形参 a 共享同一段内存空间。

【例 5-7】 编写程序，输入 5 个不等长的字符串，输出最长的串是第几个，以及最长的字符串。

例 5-7   longestring.cpp

源代码 5-7:
longeststring.
cpp

```
1    #include <stdio.h>
2    #include <string.h>
3    #define N 5
4    int main(void)
5    {
6       char str[N][81];
7       int p=0 ,i;
8       int maxstr(char str[N][81]);
9
10      printf("\nPlease enter %d string:\n", N);
11      for(i=0; i<N; i++)
12         gets(str[i]);
13
14      p=maxstr(str);
15
16      printf("\nlongest=%d, str=%s\n", p+1, str[p]);
17      return(0);
18   }
19
20    int maxstr(char str[ ][81])
21   {
22      int i, p=0;
23
24      for(i=1; i<N; i++)
25         if(strlen(str[p]) < strlen(str[i]))
26            p=i;
27      return p;
28   }
```

程序运行结果：

```
Please enter 5 string:
student↙
teachers↙
apple↙
day↙
boys↙
longest=2, str= teachers
```

程序及其知识点解析

程序中 maxstr( ) 函数的形参 str 被说明成是一个第 1 维可调的二维数组。函数调用时，将实参组的行首地址传给形参数组，从而可以访问实参数组的各元素。

📖 **提示**

当形参为二维数组时，可省略第一维（行）的大小说明，但不能省略第二维（列）的大小说明。

5.7　实验内容及指导

一、实验目的及要求

1. 掌握一维数组、二维数组的定义和数组元素的正确引用方法。
2. 熟练运用数组来解决实际问题。
3. 掌握字符串处理函数的正确使用方法。
4. 掌握数组作为函数参数传递的编程方法，理解实参数组和形参数组之间的关系。

二、实验项目

实验 5.1 调试程序 SY5-1.C。实现用 arer( )函数求出 10 个数的平均值，并找出其中的最大值和最小值，返回主函数并输出结果。允许增添和改动语法成分，但不能删除整条语句。

📖 **提示**

（1）局部变量只能作用于定义它的函数体，不同函数体中可以定义同名变量，它们代表的是不同变量。

（2）数组名代表地址常量，不能做自增运算。

（3）如果被调用函数定义在主调函数之后，在主调函数中必须对被调用函数加以声明。

实验 5.2 程序 SY5-2.C 中 fun( )函数的功能是：查找 str 中指定字符（ch 中的字符），返回该字符串指定字符的个数，并把这些字符所在的下标依次保存在数组 bb 中。例如，在"xbcdefxhij"中查找字符 x，结果有 2 个字符 x，下标依次为 0、6。请勿改动程序的其他任何内容，仅在方括号处填入所编写的若干表达式或语句，并去掉方括号及括号中的数字。

实验 5.3 程序 SY5-3.C 中 fun()函数的功能是：输入一个字符串，使用插入排序对字符串进行由小到大的排序。

插入排序的基本思想是：先对字符串的前两个字符进行比较，按由小到大的顺序排序，形成一个有序序列。然后把第 3 个字符与有序序列中的前两个字符进行比较，按由小到大的顺序插入有序序列中，形成新的有序序列；再把第 4 个字符与前 3 个有序字符进行比较，并按由小到大的顺序插入其中。以此类推，直到把所有字符全部插入有序序列中为止。

实验 5.4 程序 SY5-4.C 中函数 fun( )的功能是：计算形参 x 数组中 N 个数的平均值（规定所有数均为正数），将所有数据中小于平均值的数据移至数组的前部，大于等于平均值的数据移至 x 所指数组的后部，平均值作为函数值返回，在主函数中输出平均值和移动后的数据。

例如，有 10 个正数：46 30 32 40 6 17 45 15 48 26，平均值为 30.500 000 移动后

实验 5.4 要点提示

的输出为：30 6 17 15 26 46 32 40 45 48。

请勿改动程序的其他任何内容，仅在方括号处填入所编写的若干表达式或语句，并去掉方括号及括号中的数字。

实验 5.5　编写程序 SY5-5.C。实现从键盘输入一个字符串，要求从第 n 个字符开始，将连续的 m 个字符用冒泡法重新进行排序，然后输出新的字符串。例如，输入 abdcehkfmgiojlnp，指定从第 3 个字符开始，将连续的 5 个字符重新排序，输出的新字符串是 abcdehkfmgiojlnp。

要求：在 main( ) 函数中输入字符串 n 和 m；调用函数 sort( ) 实现将从第 n 个字符开始连续的 m 个字符用冒泡法重新排序，在 main( ) 函数中输出新字符串。

实验 5.6　编写程序 SY5-6.C。实现在 main( ) 函数中输入一个字符串，调用插入排序函数 insert_sort( ) 对字符串进行由小到大的排序，在主函数中输出排序后的结果。

📖 **提示**

插入排序的基本思想是：先对字符串的前两个字符进行比较，按由小到大的顺序排序，形成一个有序序列。然后把第 3 个字符与有序序列中的两个字符进行比较，按由小到大的顺序插入到有序序列中；再把第 4 个字符与前 3 个有序字符进行比较，并按由小到大的顺序插入其中。依此类推，直到把所有字符全部插入到有序序列中。

实验 5.7要点提示

实验 5.7　程序 SY5-7.C 中函数 fun( ) 的功能是：把形参 a 所指数组中的偶数按原顺序依次存放到 a[0]、a[1]、a[2]、…中，把奇数从数组中删除，偶数个数通过函数值返回。

例如：若 a 所指数组中的数据最初排列为：7、1、4、6、3、2、5、8、9，删除奇数后 a 所指数组中的数据为：4、6、2、8，函数返回值为 4。

请勿改动程序的其他任何内容，仅在方括号处填入所编写的若干表达式或语句，并去掉方括号及括号中的数字。

习　题　5

一、选择题

5.1　下列语句组中，正确的是（　　　）。

（A）char s[] = "Olympic";　　　　　（B）char s[7]; s = "Olympic";

（C）char s[] = {"Olympic"};　　　　（D）char s[7]; s = {"Olympic"};

5.2　下列选项中，能正确定义数组的语句是（　　　）。

（A）int num[0..2008];　　　　　　　（B）int num[ ];

（C）int N=2008;　　　　　　　　　　（D）#define N 2008

　　　 int num[N];　　　　　　　　　　　　 int num[N];

5.3　设有定义 "char s[81]; int i=10;"，以下不能将一行（不超过 80 个字符）带有空格的字符串正确读入的语句或语句组是（　　　）。

（A）gets(s);

（B）while((s[i++] = getchar( )) != '\n'); s[i] = '\0' ;

（C）scanf("%s", s);

（D）do{scanf("%c", &s[i]); }while(s[i++] != '\n'); s = '\0';

5.4　若有定义语句"int　m[ ]={5,4,3,2,1}, i=4;"，则下面对 m 数组元素的引用中错误的是（　　）。

（A）m[--i]　　　（B）m[2*2]　　　（C）m[m[0]]　　　（D）m[m[i]]

5.5　以下的定义语句中，错误的是（　　）。

（A）int x[][3]={{0},{1},{1,2,3}};

（B）int x[4][3]={{1,2,3},{1,2,3},{1,2,3},{1,2,3}};

（C）int x[4][]={{1,2,3},{1,2,3},{1,2,3},{1,2,3}};

（D）int x[][3]={1,2,3,4};

5.6　下面有关 C 语言字符数组的描述中，错误的是（　　）。

（A）不可以用赋值语句给字符数组名赋字符串

（B）可以用输入语句把字符串整体输入给字符数组

（C）字符数组中的内容不一定是字符串

（D）字符数组只能存放字符串

二、读程序分析程序的运行结果

5.7　以下程序中函数 sort( )的功能是对 a 数组中的数据进行由大到小的排序，程序运行后的输出结果是（　　）。

```
void sort(int a[],int n)
{
    int i,j,t;

    for(i=0;i<n-1;i++)
      for(j=i+1;j<n;j++)
        if(a[i]<a[j])
            {t=a[i];a[i]=a[j];a[j]=t;}
}
int main(void)
{
    int aa[ ]={1,2,3,4,5,6,7,8,9,10},i;

    sort(&aa[3],5);
    for(i=0;i<10;i++)
      printf("%d,",aa[i]);
    printf("\n");
}
```

（A）1,2,3,4,5,6,7,8,9,10,　　　　　（B）10,9,8,7,6,5,4,3,2,1,

（C）1,2,3,8,7,6,5,4,9,10,　　　　　（D）1,2,10,9,8,7,6,5,4,3,

5.8　以下程序运行后的输出结果是（　　）。

```
int main(void)
{
    char arr[2][4];

    strcpy(arr,"you"); strcpy(arr[1],"me");
    arr[0][3]='&';
    printf("%s\n",arr);
}
```

（A）you&me　　（B）you　　　　（C）me　　　　（D）err

5.9　以下程序运行后的输出结果是（　　）。

```
void reverse(int a[],int n)
{
    int i,t;

    for(i=0;i<n/2;i++)
    { t=a[i]; a[i]=a[n-1-i];a[n-1-i]=t;}
}
int main(void)
{
    int b[10]={1,2,3,4,5,6,7,8,9,10};
    int i,s=0;

    reverse(b,8);
    for(i=6;i<10;i++) s+=b[i];
    printf(" %d\n ",s);
}
```

（A）22　　　　（B）10　　　　（C）34　　　　（D）30

5.10　以下程序运行后的输出结果是（　　）。

```
int main(void)
{
    char a[]={ 'a', 'b', 'c','d', 'e', 'f', 'g','h','\0'};
    int i,j;

    i = sizeof(a);
    j = strlen(a);
    printf( "%d,%d\b", i, j );
}
```

（A）9,9　　　　（B）8,9　　　　（C）1,8　　　　（D）9,8

5.11　以下程序运行后的输出结果是（　　）。

```
#include<stdio.h>
int main(void)
{
    int a[5]={1,2,3,4,5 }, b[5]={ 0,2,1,3,0 }, i, s=0;

    for( i=0; i<5; i++ ) s= s+a[b[i]];
```

```
    printf( "%d\n", s );
}
```

(A) 6　　　　　　(B) 10　　　　　　(C) 11　　　　　　(D) 15

三、填空题

5.12　下面程序段运行后的输出结果是____。

```
int i, j, a[][3]={ 1,2,3,4,5,6,7,8,9 };
for( i=0; i<3; i++ )
    for( j=i; j<3; j++ )  printf( "%d", a[i][j] );
```

5.13　下面程序段运行后的输出结果是____。

```
int a[3][3] = { {1,2,3},{4,5,6},{7,8,9} };
int b[3]={0}, i;
for( i=0; i<3; i++)  b[i]=a[i][2]+a[2][i];
for( i=0; i<3; i++)  printf( "%d", b[i] );
```

5.14　有以下程序段，程序运行时从键盘输入 "How are you?<Enter>"，则输出结果为____。

```
char a[20]= "How are you? ", b[20];
scanf( "%s", b );
printf( "%s %s\n", a, b );
```

5.15　按下列指定的数据给数组 x 的下三角置数，并按如下形式输出，则应在程序段中填入____。

```
                    4
                    3       7
                    2       6       9
                    1       5       8       10
int x[4][4], n=0, i, j;
for(j=0; j<4; j++ )
    for( i=3; i>=j; i--) { n++; x[i][j] =____; }
for( i=0; i<4; i++)
    { for( j=0; j<=i; j++ ) printf( "%3d", x[i][j] );
      printf( "\n" );
    }
```

第6章　指针

6.1　两个变量值的交换

6.1.1　案例

微视频 6-1:
指针的引入

【例 6-1】　在 main( ) 函数中输入两个整数 a 和 b 的值,通过调用函数 exchange( ) 实现 a 和 b 的值交换,并在 main( ) 函数中输出交换后的 a 和 b。

算法分析:在 main( ) 函数中交换变量 a 和 b 的值可以通过引入一个中间变量来实现,如 "t=a, a=b, b=t;",如果在一个自定义函数 exchange( ) 中交换 a 和 b 的值,又要在 main( ) 函数中输出交换后的变量值,由于函数的参数值是单向传递的,在 main( ) 函数中就得不到交换后的 a 和 b 的值,这时怎么办呢?一种办法是通过将 a 和 b 定义为全局变量来解决。使用全局变量有时会降低程序的可读性,如果不用全局变量又要在 main( ) 函数中得到 exchange( ) 函数中交换后的 a 和 b,可以采用另一种办法,即传地址调用来实现。

源代码 6-1:
value_exchange.
cpp

例 6-1　　　　　　　　　　　value_exchange.cpp

```
1   #include<stdio.h>
2   void exchange(int *aa, int *bb)
3   {
4       int t;
5
6       t=*aa; *aa=*bb; *bb=t;
7   }
8
9   int main(void)
10  {
11      int a, b;
12
13      printf("Please enter a and b:");
14      scanf("%d%d",&a,&b);
15      exchange(&a,&b);
```

例 6-1   value_exchange.cpp

```
16      printf("a=%d\nb=%d\n",a, b);
17      return 0;
18  }
```

程序运行结果:

```
Please enter a and b:10  5
a=5
b=10
```

6.1.2 指针与地址

内存是一组存放数据的空间。为准确描述数据存储位置,系统对内存进行了编号,即内存编址。内存是以字节为单位进行编址的,如图 6.1 是例 6-1 运行时变量 a 和 b 在内存中存放的示意图。每个字节都有一个唯一编号,称为内存地址,整型变量 a 和 b 分别占用 4 个字节。之前对变量的数据存取都是通过变量名实现的,称为直接访问。在例 6-1 中,对变量 a 和 b 的数据存取则是通过变量 aa 和 bb 来实现的。图 6.2 是例 6-1 运行实例中 aa、bb 和 t 占用内存空间的示意图。

地址	值	变量名
2000H		
2001H	10	a
2002H		
2003H		
2004H		
2005H		
...		
2100H		
2101H		
2102H	5	b
2103H		
2104H		

地址	值	变量名
21FFH		
2200H		
2201H	2000H	aa
2202H		
2203H		
2204H		
2205H	2100H	bb
2206H		
2207H		
2208H		
2209H		t
220AH		

图 6.1 内存编址示意图   图 6.2 变量 aa、bb、t 在内存中的地址和值示意图

由图 6.1 可知,变量 a 占用 2000H~2003H 的 4 个字节,变量 b 占用 2100H~2103H 的 4 个字节。一个变量在内存中可能占用多个字节的存储单元,C 语言将变量占用的第一个存储单元的编号称为该变量的首地址,简称地址。如图 6-1 所示,变量 a、b 的地址&a、&b 分别为 2000H、2100H。例 6-1 的第 15 行"exchange(&a,&b)"是将&a 和&b 作为实参分别复制给第 2 行的形式参数 aa 和 bb,使 aa 和 bb 中分别存放的是变量 a 和变量 b 的地址,如图 6.2 所示。C 语言将这种专门用于存放变量地址的变量称为指针变量,简称指针,例 6-1 中的 aa 和 bb 即为指针变量,这时也

称指针变量 aa 和 bb 分别指向了变量 a 和 b。例 6-1 中对变量 a 和 b 的值进行交换是通过指针变量 aa 和 bb 实现的,这种通过变量 aa 访问变量 a 的过程实现了对变量 a 的间接访问。

在 Visual C++ 2010 Express 系统中指针变量占用 4 个字节的存储空间。根据地址的概念,只要两个指针变量的值相等,则表示其指向相同的变量,与其所在的函数无关。

6.1.3 指针变量的定义

指针变量遵循先定义、后使用的一般原则。定义指针变量的一般形式如下:

类型标识符 * 变量名;

其中:变量名前的"*"是指针变量的标志符号,说明其后的变量是指针变量;"类型标识符"不是指针变量自身的类型,是指针变量所指向变量的数据类型,而不是指针变量本身的数据类型,所以指针变量自身所占内存空间的大小与其所指向变量的数据类型无关,但是指针变量只能访问与其具有相同类型标识符的变量。

注意:定义多个指针变量时,每个指针变量前面都需要加上"*",例如:

int *k, *n;

这个定义说明指针变量 k 和 n 都只能访问 int 类型的变量,而不能访问其他类型的变量。

6.1.4 地址运算符

C 语言提供"&"和"*"两个具有右结合性的单目地址运算符。"&"称为"取地址运算符",其功能是取变量的地址,例如,&a 是取变量 a 的地址。星号运算符"*"又称为"间接访问运算符",具有"左存右取"的作用,即"*"出现在赋值运算符的左边时,则表示将数据存入指针变量所指变量的内存中,如例 6-1 中第 6 行的"*bb=t"就是把 t 的值存入指针变量 bb 所指变量 b 的内存中。"*"出现在赋值运算符的右边时,则表示从指针变量所指变量的内存中取出数据,如例 6-1 中第 6 行的"t=*aa"是从指针变量 aa 所指变量 a 的内存中取出数据赋给变量 t。

&a 表示变量 a 的地址,*&a 是得到地址表达式&a 所指单元的内容,也就是变量 a 中的内容。因此*&a 就等于 a,这表明运算符"&"和"*"互为逆运算。

指针变量与变量建立了指向关系后,就可以通过间接访问运算符"*"访问指针变量所指向的变量了。

📖 提示

(1)定义变量时,变量名前出现"*",表明该变量为指针变量;在其他有关指针的运算中出现"*",即为间接访问运算符。例如,"int a, *p = &a;"与"int a, *p; p=&a;"等价,而"int a, *p = &a;"与"int a, *p; *p = &a;"不等价,且语句"*p = &a;"是错误的。

（2）如果定义了一个指针变量 p 而没有赋值，程序中又使用了对指针变量的间接访问运算，程序编译时将出现警告（warning C4700: local variable 'p' used without having been initialized），强行连接通过后，运行时将出现不可预知的灾难性后果。如程序段：

```
int *p;
printf("%d\n", *p); /*指针变量 p 没有被赋值*/
```

6.1.5　函数的传址调用

函数间调用是将实参的值传递给形参，当把指针作为实参时，这样的函数调用称为传地址调用，简称为传址调用。例如，在例 6-1 中，第 15 行调用函数 exchange( )时，是将变量 a 和 b 的地址作为实参分别传给第 2 行 exchange( )函数的形参指针变量 aa 和 bb。

传址调用的实参可以是：变量的地址、指针变量、数组名、字符串等，对应的形参是与实参类型相同的指针变量。调用函数时，将实参地址复制给形参指针，使形参指针指向实参的地址，通过操作形参间接实现了对实参的操作。

6.2　统计一个英文句子的字符数

6.2.1　案例

【例 6-2】统计一个英文句子中的字符数，并分别输出各小写英文字母的个数。

算法分析：英文句子是一个字符串，统计句子中的字符个数，就是从字符串的第一个字符开始到最后一个字符进行计数。

统计各小写英文字母的个数，就要分别用不同的变量对其进行计数，定义 26 个变量分别统计 26 个小写英文字母的个数是不合适的，可以定义一个长度为 26 的数组，用 26 个数组元素分别存放统计各小写英文字母的个数。例如，定义一个长度为 26 的 c 组，则用 c[0]存放小写字母 a 的个数，c[1]存放小写字母 b 的个数，依此类推。

具体实现步骤如下：

① 定义一个较大的一维字符数组 ch 用于存放英文句子、一个长度为 26 且初始化为 0 的整型数组 ic，用于存放统计英文小写字母的个数、整型变量 n 用于统计句子中的字符数。

② 输入一个英文句子。

③ 从句子首字符开始，分别取出每个字符，统计字符数，并判断是何小写英文字母，同时计数。

④ 输出句子字符数和各小写英文字母数。

例 6-2   english_sentence.cpp

源代码 6-2：
english_sentence
.cpp

```
1    # include<stdio.h>
2    int main(void)
3    {
4        char ch[1000], *p=ch;
5        int n=0, i, c[26]={0},*q=c;
6        void count(char *,int *,int *);
7
8        printf("Please enter an English sentence:\n");
9        gets(ch);
10
11        count(p,q,&n);
12
13       printf("The number of characters in the whole English sentence is:%d\n",n);
14        printf("where the list of lowercase letters is as follows:");
15        for(q=c,i=0,n=0;i<26;i++)
16        {
17           if(i%6==0)  printf("\n");
18           n+=*q;
19           printf("'%c'=%-4d",'a'+i,*q++);
20       }
21      printf("\n");
22      printf("The total number of lowercase letters is:%d\n",n);
23      return 0;
24   }
25
26   void count(char *p,int *q,int *n)
27   {
28       while(*p)
29       {
30           (*(q+*p-'a'))++;
31           (*n)++;
32           p++;
33       }
34   }
```

程序运行结果：

```
Please enter an English sentence:
Experts say bread, chips and potatoes should be cooked to a golden yellow
colour, rather than brown.
The number of characters in the whole English sentence is:100
Where the list of lowercase letters is as follows:
```

```
'a'=7    'b'=3    'c'=3    'd'=5    'e'=8    'f'=0
'g'=1    'h'=4    'i'=1    'j'=0    'k'=1    'l'=5
'm'=0    'n'=4    'o'=11   'p'=3    'q'=0    'r'=6
's'=5    't'=6    'u'=2    'v'=0    'w'=2    'x'=1
'y'=2    'z'=0
The total number of lowercase letters is:80
```

6.2.2　指针变量的初始化

指针变量初始化是指定义指针变量时，同时为指针变量赋一个地址值，使指针有所指向。如在例 6-2 中的第 4、5 行所示，指针变量 p、q 被定义时，分别为其赋了初值 ch、c，其中 ch 代表数组 ch 的首地址，c 代表数组 c 的首地址。初始化指针变量的一般形式如下：

> 类型标识符 * 变量名 ＝ 地址;

将数组名赋给指针变量，则指针变量就指向该数组的首地址。如例 6-2 中第 4 行的初始化 char ch[1000], *p=ch 表示指针变量 p 指向数组 ch 的首地址，第 5 行中的 int n=0, c[26]={0},*q=c 表示指针 q 指向数组 c 的首地址。例 6-2 中的第 4、5 行可以改写为如下 3 行：

```
char ch[1000], *p;
int n=0, c[26]={0},*q;
p=ch; q=c;
```

📖 提示

（1）将一个数组名或变量的地址赋给指针变量时，该数组或变量必须在此之前已经定义，如例 6-2 中第 4、5 行的 ch 和 c。

（2）不能将一个数值作为初值赋给一个指针变量。如"int *p=5;"，但可以给一个指针变量赋初值 0 或 NULL，如"int *p=0;"或"int *p=NULL;"，这时是将指针变量初始化为空指针。

6.2.3　指针变量的运算

1．赋值运算

指针变量的赋值运算有以下 3 种形式。

（1）把一个变量的地址赋给具有相同数据类型的指针变量。例如：

```
int *ipx, x;
ipx = &x;        /* 将整型变量 x 的地址赋给整型指针变量 ipx */
```

（2）把一个指针变量的值赋给与其具有相同类型的另一个指针变量。例如：

```
int a,*ipa=&a,*ipb;
ipb=ipa;             /* 相当于把整型变量 a 的地址赋给整型指针变量 ipb */
```

（3）把一个数组的首地址赋给一个指针变量。例如：

```
int a[10] ,*ipa;
ipa=a;    /*将数组名 a 赋给指针变量 ipa 就是将数组 a 的首地址赋给指针变量 ipa */
```

其等价形式有：
```
int a[10] ,*ipa;
ipa=&a[0];
```
或
```
int a[10],*ipa=a;
```

2．指针的移动

指针的移动是指指针变量加（或减）一个整数以及指针变量的自增（或自减）运算，使指针变量指向一个新的目标。例如，ip++、ip--、ip+n、ip-n、ip+=n、ip-=n 等。

当指针变量指向变量时，指针变量的移动是没有意义的，并且会带来意想不到的结果。只有当指针变量指向数组时它的移动才有意义。数组元素在内存中是连续存储的，因此，指向数组的指针变量可以通过移动的方式，分别指向各个数组元素，达到访问数组元素的目的。

- p=p+n 的意义是使指针变量指向当前位置后的第 n 个元素。
- p=p–n 的意义是使指针变量指向当前位置前的第 n 个元素。
- p++、p--是使指针变量指向当前位置的后一个或前一个元素，这两种指针运算方式称为指针移动。指针在数组中移动时，要保证指针不能移出数组所在范围。

例 6-2 中第 32 行的"p++"是使指针变量 p 指向下一个数组元素的地址；第 19 行中的"*q++"表示先取出指针变量 q 所指向的数组元素的值，q 再移动指向下一个数组元素地址。

📖 **提示**

在指针变量的加、减运算中，数字 1 不再代表十进制数中的整数，而是代表一个存储单元的长度，其长度占多少字节数是由指针变量的类型确定的。如果 p 是一个指针变量，n 是一个正整数，则进行 p±n 运算后的实际地址是：p±n*sizeof（数据类型）。

3．相减运算

只有当两个指针变量指向同一个数组时，相减运算才有意义，其结果为两个指针之间的元素个数。例如：
```
char ch[80] = "ABCDEFGHIJKLM"; *p, *q;
int k;
p = &ch[0];   /* 指针变量 p 指向 ch 数组首元素'A' */
q = &ch[12];  /* 指针变量 q 指向 ch 数组末尾元素'M' */
k = q-p;  /* k 的值表示数组 ch 中字符'A'到字符'M'的元素个数,即字符'M'的下标 */
```

📖 **提示**

指针变量相减运算的结果不是两个地址值相减的结果，它与指针变量所指变量的数据类型的存储长度有关。其运算结果为：

（两指针变量中的地址值之差）÷（一个数据项的存储字节数）

4．关系运算

指针变量间进行关系运算是比较两个地址的大小。当两个指针变量指向同一个数组时，两个指针变量间的关系运算结果具有实际意义，反映了两指针变量所指向对象的存储位置之间的前后关系。例如：

```
char  ch[80] = "ABCDEFGHIJKLM", *p, *q;
int  k;
p = &ch[0];    /* 指针变量 p 指向 ch 数组首元素'A' */
q = &ch[12];   /* 指针变量 q 指向 ch 数组末尾元素'M' */
```

这时，p、q 是指向同一数组的指针变量，它们可以进行关系运算。例如，关系运算 p<q 成立；当 p==q 成立时，表明它们指向同一个数组元素；当 p!=q 成立时，表明 p 和 q 指向不同数组元素。

6.3　成绩统计及计算

微视频 6-2：
指针与一维数组

6.3.1　案例

【例 6-3】　统计 N 人的 C 语言程序设计课程成绩，找出最高分、最低分及其所处位置，并统计及格率和全班平均成绩。

算法分析：

● 该案例需要得出多个结果，可考虑将求解分解到不同函数中分别实现。

● 在对一组数据的处理中，首先通过对数组元素值的比较，找到最高分和最低分。

● 在一个数组的元素中，可能出现多个与最高分或最低分相同的元素，因此保存最低分和最高分位置的变量应该用数组实现；其对应数组元素的个数，即为最低分和最高分的人数。

具体算法实现步骤如下：

（1）在 main( )函数中定义一个一维数组用于存放 N 个学生的成绩。

（2）输入 N 个学生的成绩。

（3）以传地址方式在 max_min( )函数中查找最高分和最低分并记下位置和统计平均成绩。

（4）在 stat_pass_rate( )函数中计算及格率。

（5）在 main( )函数中输出结果。

源代码 6-3：
achievement_
statistics.cpp

例 6-3	achievement_statistics.cpp

```
1   #include<stdio.h>
2   #include<math.h>
3   #define N 30
4
5   void max_min(float *p, float *max, float *min, float *average)
6   {
7     int i;
8
```

例 6-3   achievement_statistics.cpp

```
9      *max=*min=*p;          /* 将数组首元素作为最高分和最低分初始值 */
10     *average=*p/N;
11     for(i=1;i<N;i++)
12     {
13       if(*(p+i)>=*max)                         /* 查找最高分 */
14         *max=*(p+i);
15       if(*(p+i)<=*min)                         /* 查找最低分 */
16         *min=*(p+i);
17       *average+=*(p+i)/N;                       /* 计算平均成绩 */
18     }
19   }
20   void stat_pass_rate(float *p, float *passrate)  /* 统计及格率 */
21   {
22       int i;
23
24       for(i=0;i<N;i++)
25           if(*(p+i)>=60)
26               *passrate+=(float)1/N;
27   }
28   int main(void)
29   {
30     float score[N],average=0,passrate=0,max,min,*p;
31     int i;
32
33     printf(" Please enter a score of %d students, separated by spaces:\n",N);
34     for(p = score,i=0; i<N; i++)                /* 输入 N 个学生成绩 */
35       scanf("%f", p+i);
36
37     max_min(p,&max,&min,&average);
38     stat_pass_rate(p,&passrate);
39
40     printf("\n The actual results of all the students are:\n");
41     for(i=0;i<N;i++)                            /* 输出原始成绩 */
42     {
43         if(i%5==0)  printf("\n");
44         printf("[N0-%-2d]:%-6.1f",i+1,*(p+i));
45     }
46
47     printf("\nThe highest score is: %.1f",max);    /* 输出最高分 */
48     printf("\nThe lowest score is: %.1f",min);     /* 输出最低分 */
49     printf("\nThe average score is:%.1f",average);  /* 输出平均分 */
50     printf("\nCourse pass rate is:%.1f%%\n\n",passrate*100);/* 输出及格率 */
51     return(0);
52   }
```

程序运行结果：

```
Please enter a score of 30 students, separated by spaces:
78  85  86  79  88  85  71  73  82  90↙
75  58  68  94  85  81  73  76  92  66↙
58  79  76  64  74  82  81  90  88  69↙
The actual results of all the students are:
[NO- 1 ]:78.0  [NO- 2 ]:85.0  [NO- 3 ]:86.0  [NO- 4 ]:79.0  [NO- 5 ]:88.0
[NO- 6 ]:85.0  [NO- 7 ]:71.0  [NO- 8 ]:73.0  [NO- 9 ]:82.0  [NO-10]:90.0
[NO-11]:75.0   [NO-12]:58.0   [NO-13]:68.0   [NO-14]:94.0   [NO-15]:85.0
[NO-16]:81.0   [NO-17]:73.0   [NO-18]:76.0   [NO-19]:92.0   [NO-20]:66.0
[NO-21]:58.0   [NO-22]:79.0   [NO-23]:76.0   [NO-24]:64.0   [NO-25]:74.0
[NO-26]:82.0   [NO-27]:81.0   [NO-28]:90.0   [NO-29]:88.0   [NO-30]:69.0
The highest score is: 94.0
The lowest score is: 58.0
The average score is:78.2
Course pass rate is:93.3%
```

6.3.2 指向一维数组的指针

指向一维数组的指针变量，实际上是指向一维数组元素的指针变量。数组名代表数组所占用存储空间的首地址，通过指向一维数组的指针变量，可以访问一维数组中的任一元素。如例 6-3 中第 34 行的 score 代表的就是 score 数组的首地址，赋值语句 p=score 表示将 score 数组的首地址赋给指针变量 p，就是将 p 指向 score 数组的首地址，第 35 行通过 p+i 依次访问 score 数组各元素的地址。

可见，访问数组元素除了可用第 4 章的下标法，还可以用指针法。即定义一个指向一维数组的指针变量，通过指针移动实现各数组元素的访问。

6.3.3 指向一维数组的指针运算

指向数组的指针变量，可以通过指针改变其指向，即存储不同元素的地址，从而访问不同的数组元素。指向一维数组的指针运算是指当指针指向数组后的指针运算或移动。

例 6-3 中的第 35 行，p+i 表示第 i 个数组元素的地址，等价于&score[0]+i、&score[i]。通过指针 p 的移动可以指向不同的数组元素，用 p++指向下一个元素、p+i 指向第 i 个元素，但不能使用 score++指向下一个元素，因为 score 是一个地址常量。

对于例 6-3 中的数组和指针变量，使用指针表达一维数组的地址和引用数组元素值的各种表达形式及意义如表 6.1 所示。

表 6.1　用指针表示数组元素的地址和内容的形式与意义

表达形式	意义
&score[0]、score、p	表示数组首地址
&score[0]+i、score+i、p+i	表示 score[i]的地址
(&score[0]+i)、(score+i)、*(p+i)、p[i]、score[i]	表示 score[i]的值

📖 **提示**

当指针变量 p 指向数组 score，使用 p++、p+i 或 score+i 运算时，其最终位置必须保持在数组元素所在范围内，即不得超越数组界限，否则程序运行会出现无法预知的后果，即所谓的指针陷阱。如 int a[10],*p=a 能够正确表述数组元素地址的形式有：p+i、a+i、p++（i 的取值范围为 0~9），p++的次数不得超越 9。

6.4　N 阶矩阵的运算

6.4.1　案例

【例 6-4】　输出 N 阶方阵四周及对角线元素。

算法分析：N 阶方阵的数据可以用 N 行 N 列的二维数组存储。方阵四周元素由数组第 1 行、第 1 列下标为 0 以及第 N 行、第 N 列下标为 N−1 的元素组成；方阵主对角线元素是数组行、列下标相等的元素，次对角线元素是行、列下标之和为 N−1 的数组元素。

具体实现步骤：

（1）在 main( )函数中定义 N×N 数组 a[N][N]。

（2）给数组元素赋随机值。

（3）按 N×N 的形式输出数组 a。

（4）以数组名 a 和数组行列数 N 为实参，调用函数 output( )。

（5）函数 output( )输出数组 a 的四周及对角线元素。

例 6-4　　　　　　　　　　　N_orderofmatrix.cpp

```
1   #include<stdio.h>
2   #include<stdlib.h>
3   #define N  5
4
5   int main(void)
6   {
7       int a[N][N],i,j,n;
8       void output (int (*a)[N], int n);
9
```

源代码 6-4：
N_orderofmatrix.
cpp

例 6-4   N_orderofmatrix.cpp

```
10      for(i=0;i<N;i++)
11        for(j=0;j<N;j++)
12          a[i][j]=rand()%10;   /* 产生 0~9 中的随机数赋给 a[i][j] */
13
14      printf("------The square matrix data:------\n");
15      for(i=0;i<N;i++)
16      {
17        for(j=0;j<N;j++)
18          printf("%3d",*(a[i]+j));
19        printf("\n");
20      }
21
22      printf("------Square and diagonal elements:------\n");
23
24      output (a,N);       /* 二维数组名 a 作为实参 */
25      return 0;
26    }
27
28    void output (int (*p)[N],int n)   /* 数组指针作为函数形参 */
29    {
30      int i,j;
31      for(i=0;i<n;i++)
32      {
33        for(j=0;j<n;j++)
34          if(i==0||j==0||i==n-1||j==n-1||i==j||i+j==n-1)
35            printf("%3d",*(p[i]+j));
36          else printf("%3c",' ');
37        printf("\n");
38      }
39    }
```

程序运行结果:

```
------The square matrix data: ------
 1  7  4  0  9
 4  8  8  2  4
 5  5  1  7  1
 1  5  2  7  6
 1  4  2  3  2
------Square and diagonal elements: ------
 1  7  4  0  9
 4  8     2  4
 5     1     1
 1  5     7  6
 1  4  2  3  2
```

说明：

调用 output( ) 函数的实参是二维数组名 a，对应形参为数组指针(*p)[N]，也可以用二维数组 p[N][N]表示，在二维数组名作为实参调用函数时，这两种形式是等价的。

6.4.2 二维数组与行指针

计算机的内存空间是一个线性存储空间。二维数组实际上是由同类型、同长度的一维数组叠加而成，即二维数组的每一行就是一个同类型、同长度的一维数组；C 语言对二维数组是按行优先的方式存储于内存中，即第一行存储完后紧接着存储第二行，依此类推。如例 6-4 中二维数组 a 的各元素在内存中实际存储结构如图 6.3 所示。

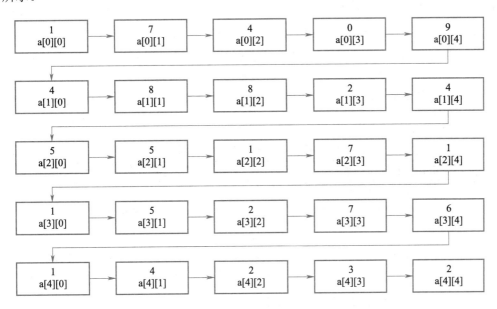

图 6.3　二维数组 a 的各元素在内存中实际存储结构示意图

由图 6.3 所示，可以将例 6-4 中的二维数组 a 看成由 5 个一维数组（即 5 行）组成，且每一个一维数组具有 5 个元素，用指针变量 p 访问二维数组 a 的地址时，可以先使 p 指向二维数组的第 0 行，即把二维数组名 a 赋值给 p，然后通过 p++使 p 指向下一行，p+1 等价于 a+1 或 a[1]，这里的 p 称为行指针变量，p 与 a 的关系如图 6.4 所示。

行指针是指向由 n 个元素组成的一维数组的指针变量，也称为指向一维数组的指针。定义行指针的一般形式为：

类型标识符　（ * 行指针变量名)[常量表达式]

其中，常量表达式表示一维数组元素的个数或二维数组的列数。

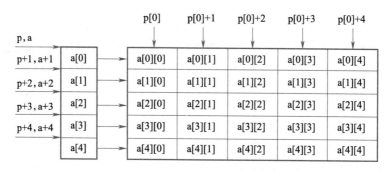

图 6.4　行指针 p 与二维数组 a 的关系示意图

例如：int (*p)[5], a[4][5];

　　　　p=a;

由于括号( )的存在，* 首先与 p 结合，说明 p 是一个指针变量，再与[5]结合，说明 p 的基类型是一个包含 5 个类型为 int 元素的数组，即 p 是指向一个包含 5 个元素的一维数组。因此，p 即可以指向由 5 个整型元素组成的一维数组，也可以指向具有 5 列的二维数组的各行。p+1 是指向当前行的下一行，即 p 的增量是以一维数组的长度为单位的，因此与二维数组名 a 具有相同的属性。这时，也可以用 p 来引用二维数组元素 a[i][j]，表 6.2 中给出了用行指针表示二维数组的地址和元素的各种等价形式。

表 6.2　用行指针表示二维数组的地址和元素

第 i 行第 j 列元素的地址	第 i 行第 j 列的元素
&(*(p+i))[j]	(*(p+i))[j]
*(p+i)+j	* (*(p+i)+j)
p[i]+j	*(p[i]+j)
&p[i][j]	p[i][j]

6.4.3　数组名作为函数的参数

例 5-2 中将一维数组名 result 作为实参，相应的形参（第 19 行）是与实参类型相同的一维数组，形参一维数组的大小可以指定与实参数组的大小相同，如第 19 行中的 result[N]，也可以不指定大小（方括号中内容为空即 result[]），函数被调用时将实参数组 result 的首地址传给形参，形参数组使用从该地址开始、大小与实参数组相同的一段内存空间。

在例 6-3 中的第 37 行调用函数 max_min( )时，实参 p 也可以是一维数组名 score，它所对应的形参是第 5 行中与之类型相同的指针变量 p。

一维数组名作为实参时，相应的形参可以是与实参类型相同的一维数组或指针变量。

例 5-6 中第 13、17、20 行的函数调用中实参是整型二维数组 a，其对应的第 30、

49、58 行中的形参都是与其类型、大小相同的二维数组。形参二维数组的大小可以指定与实参数组相同，也可以不指定第 1 维的大小，函数被调用时将实参数组的首地址传给形参，形参数组使用从该地址开始、大小与实参数组相同的一段内存空间。

在例 6-4 中的第 24 行调用函数 output( )时，实参 a 是二维数组，它所对应的形参是第 28 行中与之类型相同的行指针 p。

二维数组名作为实参时，相应的形参可以是与实参类型相同的二维数组或行指针。

6.5 字符串排序

6.5.1 案例

【例 6-5】 将已知的 5 个字符串（每个字符串长度不超过 10）用冒泡排序法按字典顺序重新排列。

算法分析：在 5.3.1 中用冒泡排序方法实现了对一组整型数据的排序，该案例中是对 5 个字符串进行排序，所以要进行的是字符串大小的比较，字符串大小的比较可以用字符串比较函数 strcmp( )实现。

源代码 6-5：
string_sorting.
cpp

例 6-5	string_sorting.cpp

```
1    #define N 5
2    #include<string.h>
3    #include<stdio.h>
4
5    int main(void)
6    {
7        int i;
8        void sort(char *str[]);
9        char *str[]={"monitor", "landscape", "paddle", "partition", "current" };
10
11       sort(str);
12       for(i=0; i<N; i++)
13         printf("%s\n", str[i]);
14       return(0);
15   }
16
17   void sort(char *str[])
18   {
19         char *t;
20         int i,j;
21
22         for(i=1; i<N; i++)
23           for(j=0; j<N-i; j++)
24               if(strcmp(str[j], str[j+1]) > 0)
```

例 6-5	string_sorting.cpp

```
25                  {
26                      t=str[j];
27                      str[j]=str[j+1];
28                      str[j+1]=t;
29                  }
30      }
```

程序运行结果：

```
current
landscape
monitor
paddle
partition
```

程序及知识点解析

程序采用冒泡排序法实现，在进行交换时并没有交换字符串，而是对指针数组元素 str[j]中的地址进行了交换，图 6.5(c)是排序完成后指针数组各元素中存储的数据，说明指针数组各元素的指向发生了变化，从而实现多个字符串的排序。

6.5.2   指针数组

在 C 语言中处理多个字符串可以用二维数组或指针数组实现。定义指针数组的一般形式如下：

类型标识符   * 指针数组名 [N] ;

其中：N 表示指针类型数组元素的个数。

如果用二维数组存放例 6-5 中的 5 个字符串，需要定义一个 5 行 10 列的二维数组，而用指针数组处理这 5 个字符串，只需定义一个长度为 5 的指针数组 str 即可，各字符串按实际大小占用内存空间。str 中分别存放各字符串的首地址，如图 6.5(a)所示，5 个字符串分别存放在一段连续的存储单元中，如图 6.5(b)所示，排序交换后的结果如图 6.5(c)所示。

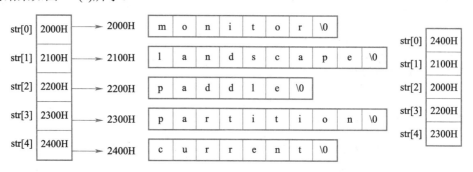

(a) 交换前str的存储情况   (b) 字符串在内存中的存储   (c) 交换后str的存储情况

图 6.5   用指针数组实现字符串的交换

指针数组（数组元素是指针变量的数组）的每一个元素分别指向各个字符串（一维数组）的首地址。指针数组 str 的元素 str[0]指向第 1 个字符串"monitor"的首地址，str[1]指向第 2 个字符串"landscape"的首地址，依此类推。str[i]+j 就是第 i 个字符串的第 j 个字符的地址，*(str[i]+j)就是 str[i][j]。

定义有二维数组 a[N][M]，当定义指针数组 p[N]指向二维数组 a 后，使用指针表达二维数组的地址和引用数组元素值的各种表达形式及意义如表 6.3 所示。

表 6.3 指针与二维数组表达行和元素地址及元素值的形式与意义

表达形式	意义
a[i]、p[i]	表示第 i 行的首地址
a[i]+j、p[i]+j、*(a+i)+j、*(p+i)+j	表示第 i 行第 j 列元素的地址
(a[i]+j)、(p[i]+j)、*(*(a+i)+j)、*(*(p+i)+j)、a[i][j]、p[i][j]	表示第 i 行第 j 列元素的值

📖 **提示**

（1）指向二维数组的指针有指针数组和数组指针。指针数组存放二维数组的行首地址；数组指针（又称行指针）表示二维数组某行的首地址。

（2）指针数组主要针对多个字符串的操作；数组指针通常是针对整型、实型二维数组数据的操作。通常将二维数组名作为实参，行指针作为形参。

（3）指针数组和数组指针对于二维数组元素的表达形式几乎相同。

6.5.3 指向字符串的指针

1. 指向一维字符数组的指针变量

在 C 语言中，由于常量字符串具有地址的概念，即字符串首元素的地址，因此可以将一个字符串赋给一个指针变量，该指针变量就称为指向字符串的指针。例如：

```
char *p;
p = "I love you, China.";
```

或者

```
char *p = "I love you, China.";
```

当用字符数组存储字符串时，下面的赋值方法是错误的：

```
char str[81];
str[81]= "I love you, China.";
```

或

```
str= "I love you, China.";
```

可以使用输入函数 scanf( )或者 gets( )为 str 数组赋值，也可以用初始化给数组赋值，例如：

```
char str[81]= "I love you, China.";
```

或

```
gets(str);
scanf("%s", str);
```

2. 指向二维字符数组的指针变量

字符型指针数组常用于存储多个不同长度的字符串，如例 6-5 中的第 9 行。指针数组元素存放的是各个字符串的首地址而非字符串。

📖 **提示**

（1）使用数组存储字符串，由于数组大小是固定不变的，存储不同长度的字符串会浪费一定的存储空间；使用指针变量指向字符串则没有内存的浪费问题，且操作简便。

（2）同一字符型指针变量在不同时间可以通过改变其地址值指向不同字符串；字符型数组要存储不同的字符串则只能通过改变数组元素值而实现。

6.6　N 的 阶 乘

6.6.1　案例

【例 6-6】　求 N 的阶乘。

算法分析：从阶乘的定义可知 N! = N×(N−1)×(N−2)×⋯×2×1，N 为大于等于 1 的自然数。将阶乘公式用通式方式可以表达为：N! = N×(N−1)!（其中 0 的阶乘为 1）。计算阶乘，是一个逐级累乘的过程，计算 N! 需要重复计算 N−1 次乘法，可用如下循环实现：

```
for( s=1,i=N; i>0; i--)
    s = s*i;
```

直到 i 为 0 时结束循环。

源代码 6-6：
factorialofN.cpp

| 例 6-6 | factorialofN.cpp |

```
1   #include<stdio.h>
2   #define N 4
3
4   double rec(int i)
5   {
6       double s = 0;
7
8       if ( i== 1 )
9         s=1;
10      else
11        s = i * rec(i-1);
12
13      return s;
14  }
15
16  int main(void)
17  {
18      double m;
```

例 6-6	factorialofN.cpp

```
19
20        m = rec(N);
21        printf("%2d! = %.0lf\n",N,m);
22        return 0;
23    }
```

程序运行结果：

4! = 24

说明：函数 rec( )中的第 11 行是调用函数 rec( )自身，此调用方式称为函数的递归调用。

6.6.2 函数的递归调用

一个函数直接或间接地自己调用自己的过程被称为递归调用，前者称为直接递归，如图 6.6（a）所示；后者称为间接递归，如图 6.6（b）所示；这个函数被称为递归函数。

(a) 直接递归   (b) 间接递归

图 6.6 函数的递归调用

递归调用也称为循环定义，即用其自身来定义自己的过程。任何有意义的递归都由递归方式与递归终止条件两部分组成。

递归调用是通过栈来实现的。栈是一个后进先出的压入和弹出式数据结构。例 6-6 中用递归调用计算 4!的过程如图 6.7 所示。

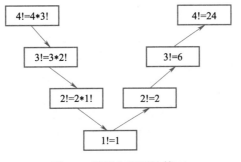

图 6.7 用递归调用计算 4!

当一个函数(调用者)调用另一个函数(被调用者)时，系统将把调用者的所有实参和返回地址压入到栈中，栈指针将移到合适的位置来容纳这些数据。最后进栈的是调用者的返回地址。例 6-6 中函数递归的调用过程如图 6.8 所示。

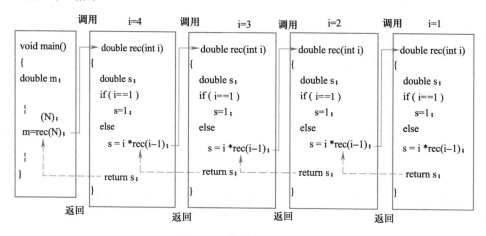

图 6.8　函数递归调用过程

在例 6-6 中的第 11 行，函数 rec( )递归调用的实参为 i-1，使得在调用过程中通过 i-1 逐渐趋近递归终止条件 i==1，以结束递归调用。同时，在递归函数中，一定要有 return 语句，没有 return 语句的递归函数会是死循环。

下面的函数 a( )没有递归调用的结束判断，是递归错误的用法。

```
int a(int num)
{
   if(num!=0)
     printf("%d",num);
  a(--num);
  return 0;
}
```

所有递归函数的结构都是类似的，其函数的特点是：函数要直接或间接调用自身；要有递归终止条件检查，即递归终止的条件被满足后，则不再调用自己；在调用函数自身时，影响终止条件的参数要发生变化，并逐渐趋于递归终止条件，直到满足终止条件而结束递归；递归函数中要有 return 语句。

函数递归调用，体现计算思维思想，但对计算机内存资源消耗较大。

6.7　不确定数据量问题的处理

数组用于存储已知数据量的数据时具有一定的优势，但当数据量不确定时，使用数组解决问题可能会导致计算机内存浪费或者被分配的内存空间不足。

6.7.1　案例

【例 6-7】利用随机函数 rand( )产生任意 n（运行程序时通过键盘输入）个[0,20)间的随机正整数，计算这些数的标准差 σ，并保留小数点后 2 位输出。其中：

$$\sigma = \sqrt{\frac{1}{n}\sum_{i=1}^{n}(x_i - \mu)^2}$$，n 为随机数个数，x_i 为第 i 个随机数，μ 表示 n 个数的平均值，

为 $\mu = \frac{1}{n}\sum_{i=1}^{n}x_i$。

算法分析：由于随机数的个数在运行程序前不确定，用数组来存储这些随机数，不能确定数组的大小。借鉴数组的存储特性，当已知第一个数的存储地址，其后的每一个数依次存放在与前一个数相邻的内存单元后面。当已知数据个数时，只需要确定第一个数的存储地址即可解决该问题。根据题意可以用 3 个函数来实现：main( ) 函数、计算平均值函数 average( )、计算标准差函数 stadev( )。

main( ) 函数实现步骤如下：

（1）从键盘输入要产生的随机数个数 n。

（2）按数据类型分配 n 个数所需存储空间，将其首地址赋给指针变量 p。

（3）调用 average( ) 函数计算平均值，输出由 average( ) 函数返回的平均值。

（4）调用 stadev( ) 函数计算标准差，输出由 stadev( ) 函数返回的标准差。

例 6-7　　　　　　　stadev_of_N.cpp

源代码 6-7：stadev_of_N.cpp

```
1  #include<stdio.h>
2  #include<stdlib.h>
3  #include<math.h>          /* 数学函数头文件 */
4  #include<time.h>          /* 时间函数 time() 头文件 */
5
6  double average(int *p,int n)
7  {
8      int i;
9      double aver=0;
10
11     for(i=0;i<n;i++,p++)
12     {
13         if(i%10==0)  printf("\n"); /* 每输出 10 个数换 1 次行 */
14         *p=rand()%20;  /* 产生[0,20)随机数赋值给指针 p 所指向的内存单元 */
15         aver+=1.*(*p)/n;
16         printf("%6d",*p);
17     }
18     return aver;
19  }
20
21  double stadev(int *p,int n,double aver)
22  {
23      int i;
24      double s=0;
25
```

例 6-7　　　　　　　　　　　　　　　　stadev_of_N.cpp

```
26        for(i=0;i<n;i++,p++)
27            s+=pow(*p-aver,2);
28        return sqrt(s/n);
29  }
30
31  int main(void)
32  {
33      int *p=NULL;                        /* 对指针初始化 */
34      double sta_dev=0,aver=0;
35      int n;
36
37      srand((unsigned)time(NULL));        /* 以系统时间设置的随机数种子 */
38      printf("Please enter the number of data:");
39      scanf("%d",&n);
40      /* 向系统申请 n 个 int 型数据需要的内存空间，将首地址赋给指针变量 p */
41      p=(int *)malloc(n*sizeof(int));
42      if(!p)                              /* 判断 malloc() 函数申请内存失败与否 */
43      {
44          printf("Memor allocation Failed!\n");
45          exit(0);                        /* 退出程序执行 */
46      }
47
48      aver=average(p,n);
49      printf("\nAver=%lf\n",aver);
50          sta_dev=stadev(p,n,aver);
51      free(p);
52      printf("Standard deviation=%lf\n",sta_dev);
53      return 0;
54  }
```

程序运行结果：

```
Please enter the number of data:50↙
    5    6    7    5   12    8   18    9    3   15
   10    6    2    9   12   14   18    4   16   12
    4    4   14   19    3   10   15   15   12    8
   18    8    4    6   16   14    5   11    3   13
    5    5    2   18   16    9   18   10    8    6
Aver=9.800000
Standard deviation=5.083306
```

说明： 程序中第 41 行，将指针 p 指向具有 n 个 int 型数据的内存首地址（相当于一维数组名）；程序中第 42～46 行，检测 malloc 返回值条件是否有误，如果分配不成功，则退出程序的执行；第 26 行 for 的表达式 3 中的 p++ 采用数组首地址方式处理 n 个数据；第 51 行释放分配的存储空间。

6.7.2　内存动态分配

内存动态分配是指在处理数据时，根据需要，实时按需分配内存空间以满足存储数据的需要。

在使用内存动态分配时，首先需要知道需要存储的数据个数，据此分配所需的内存空间，例 6-7 中的第 41 行就是根据第 39 行输入的 n 值进行的内存分配。内存被用完后，即刻被释放，如例 6-7 中的第 51 行，以便再分配给其他需要的应用程序。

使用内存动态分配函数，需要在程序前面包含头文件 **stdlib.h**。

1．malloc( )函数

malloc( )函数的原型为：

```
void *malloc(unsigned size);
```

功能：在内存中分配一个长度为 size 字节的连续空间。例 6-7 中的第 41 行是分配 n 个 int 型数据所需的存储空间，让指针变量 p 指向该空间的首地址。正常情况下，函数的返回值是一个指向所分配的存储区域起始地址的指针。如果不能获得所需的存储空间，函数返回值为 NULL。通常，函数 malloc( )的括号内是一个表达式，所分配空间的大小常用 sizeof 求得，例 6-7 中第 41 行的 sizeof(int)就是求一个 int 类型的存储单元所需的字节数。

void* 表示未确定类型的指针，即未确定指向任何具体的类型。因此，在把返回值赋予具有一定数据类型的指针变量时，应该对返回值实行强制类型转换，如例 6-7 中的第 41 行。

2．calloc( )函数

calloc( )函数的原型为：

```
void *calloc(unsigned n, unsigned size);
```

功能：在内存的动态存储区中分配长度为 size 的 n 个数所需的连续的存储空间，函数返回一个指向所分配内存起始地址的指针；如果分配不成功，返回 NULL 值。例如：

```
double *p;
p = (double *) calloc(10, sizeof(double));
```

即表示分配 10 个双精度数所需要的内存空间，将该内存空间的首地址赋值给指针 p。

malloc( )和 calloc( )函数都可以动态分配存储空间，他们的主要区别是前者不能初始化所分配的内存空间，而后者能。

3．free( )函数

free( )函数的原型为：

```
void free(void *ptr);
```

功能：释放由 ptr 所指向的内存空间，以便这些内存空间可再被分配使用。该函数用以释放由函数 malloc( )或 calloc( )或 realloc( )分配的存储空间。

在使用内存动态分配函数前，一般调用的指针需要被初始化为 NULL，以防止内存动态分配失败后指针的随机指向，导致程序出现意外错误。例如：

```
int *p = NULL;
p = (int *)malloc( 10*sizeof(int));
```

4. realloc( )函数

realloc( )函数的原型为:

```
void *realloc(void *mem_address, unsigned int newsize);
```

功能:realloc( )是内存动态调整函数。先判断当前的指针是否有足够的连续空间,如果有,扩大 mem_address 指向的地址,并且将 mem_address 返回;如果空间不够,先按照 newsize 指定的大小分配空间,将原有数据从头到尾复制到新分配的内存区域,然后自动释放(不需要使用 free( )函数)原来 mem_address 所指的内存空间,同时返回重新分配的内存区域的首地址,即原内存分配的首地址 mem_address 保持不变,而内存空间的大小调整为 newsize。当动态调整内存失败时,返回 NULL,原来的内存不改变,不会释放也不会移动。例如:

```
int i;
int *pn=(int*)malloc(5*sizeof(int));
int *pn=(int*)realloc(pn,10*sizeof(int));
```

注意:在使用 realloc( )函数实现内存动态调整时,当调整后的内存块变小时,原有的超出内存的数据将丢失。

6.8 查询最长字符串

6.8.1 案例

【例 6-8】在 main( )函数中输入 5 个字符串,调用 query( )函数找出最长字符串,在 main( )函数中输出找到的最长字符串。

算法分析:从键盘输入多个字符串需要用二维字符数组(不能用指针数组)来存储;将字符数组名作为实参调用 query( )函数,在 query( )函数中可以通过比较串长来查找最长字符串,用指针指向最长字符串的行首地址,并将其返回到 main( )函数中,即可输出该字符串。

程序实现步骤如下:

(1)在 main( )函数中循环输入 5 个字符串。

(2)调用 query( )函数,查找最长字符串。

(3)在 main( )函数中输出查找到的最长字符串。

源代码 6-8:
longest_string.
cpp

例 6-8	longest_string.cpp

```
1   #include<stdio.h>
2   #include<string.h>
3   #define N 5
4
```

例 6-8   longest_string.cpp

```cpp
5    char *query (char (*p)[81])
6    {
7        int i;
8        char *q;
9        q=p[0];
10       for(i=1;i<N;i++)
11           if(strlen(*(p+i))>strlen(q))
12               q=*(p+i);              /* q指针指向当前最长的字符串*/
13       return q;
14   }
15
16   int main(void)
17   {
18       int i;
19       char str[N][81],*len;
20
21       printf("Please enter %d strings:\n",N);
22       for(i=0;i<5;i++)
23           gets(str[i]);
24
25       len=query (str);
26       printf("The longest string is:");
27       puts(len);
28       return 0;
29   }
```

程序运行结果:

```
Please enter 5 strings:
444↙
55555555↙
66666↙
7777777↙
33↙
The longest string is:55555555
```

　　说明: 程序中第 5 行的 query( )函数被认定为字符型指针函数,返回值就是字符指针;第 9 行的赋值语句使字符指针指向二维字符数组的首行,作为比较的参考和开始位置;第 10~12 行循环查找最长字符串,将指针指向最长字符串首地址;第 13 行返回字符指针。

6.8.2 返回指针的函数

　　当被调用函数通过 return 语句返回的是一个地址或指针时,该函数被称为指针型函数。指针型函数定义的一般形式是：

```
类型标识符   *函数名（类型标识符  形式参数 1，类型标识符  形式参数 2，...）/* 函数头 */
{
      函数体变量定义或说明部分；
      函数体可执行语句部分；  // 其中包括 return（地址或指针变量）  } /* 函数体 */
}
```

在例 6-8 中第 5～14 行的函数，函数头是 char *query (char (*p)[81])，由于函数 query( )返回的是一个字符型指针，所以 query( )是一个指针型函数。

在使用返回指针的函数时，被返回指针应该指向全局变量或从主调函数传来的实参，如例 6-8 的第 9 行，被返回的指针 q 指向形参 p 所指的二维数组首行，而不能返回局部指针变量。例如：

```
int * fun (void)
{
  int a= 10;   /*  局部变量
  int *p = &a;


  return p;
}
```

变量 a 是 fun( )函数中的局部变量，在函数内有效，函数结束时被释放，此时返回的 p 指针指向一个未知地址，是错误的返回用法。

在例 6-8 中的第 13 行，return 返回的 q 是指向从主调函数中传来的实参 str 二维字符数组中最长字符串首地址的指针变量的值，其值是在 main( )函数中，而不是 query( )函数的局部变量。

上例正确的用法可以是：

```
int *p = NULL;
int * fun(void)
{
   p =(int *) malloc(sizeof(int));

   if(p!=NULL)
      *p = 10;
      return p;
}
```

指针 p 是全局变量，fun( )函数被调用结束后，不释放 p 指向的内存地址。

6.9　实验内容及指导

一、实验目的及要求

1. 深刻理解和区分普通变量、指针变量和地址的概念。

2．正确使用指针变量、指针数组、字符串指针编写程序。

3．掌握指针的基本运算，以及通过指针变量访问某个变量或数组元素值的方法。

4．掌握函数间的传地址调用方法。

5．掌握函数递归调用的程序编写。

6．掌握 malloc( )函数和 free( )函数的使用方法。

7．理解并掌握局部变量和全局变量的作用域及其存储类别。

二、实验项目

实验 6.1 程序 SY6-1.C 中 fun( )函数的功能是：依次取出字符串中所有的数字字符，形成新的字符串，并用其取代原字符串。

请改正程序中的错误，使程序能得到正确结果。注意不得增行或删行，也不能更改程序结构。

实验 6.1 要点提示

实验 6.2 完成 SY6-2.C 中函数 fun( )的编写，fun( )的功能是：求出 ss 所指字符串中指定字符的个数，并返回此值。例如，若输入字符串：abcdabcab，输入字符为 a，则输出值应为 3。

请勿改动 main( )函数中的内容，仅在函数 fun( )的花括号中填入需要编写的语句。

实验 6.3 程序 SY6-3.C 中函数 fun( )的功能是：在形参 s 所指字符串数组中查找与形参 t 所指字符串相同的串，找到后返回该串在字符数组中的位置，未找到则返回-1。s 所指字符数组中共有 N 个内容不同的字符串，且串长小于 N。

请改正程序中的错误，使程序能得到正确结果。注意不得增行或删行，也不能更改程序结构。

实验 6.3 要点提示

实验 6.4 程序 SY6-4.C 中函数 fun( )的功能是：以 N×N 矩阵主对角线为对称线，将对称元素相加并将结果存放在左下三角元素中，右上三角元素全部置为 0。

例如：若 N=3，有下列矩阵：

1	2	3			1	0	0
4	5	6	计算结果为：		6	5	0
7	8	9			10	14	9

实验 6.4 要点提示

请勿改动程序的其他任何内容，仅在方括号处填入所编写的若干表达式或语句，并去掉方括号及括号中的数字。

实验 6.5 完善程序 SY6-5.C，其中 fun( )函数的功能是：求出 1 到 1000 之间能被 7 或 11 整除，但不能同时被 7 和 11 整除的所有整数，并将它们放在形参指针变量 a 所指的数组中，通过形参指针 n 返回这些数的个数。在 main( )函数中按一行 10 个数输出所有满足条件的数。

```
void fun (int *a, int *n)
{


}
```

```
int main(void)
{
    int ma[1000], n, k ;

    fun ( ma, &n ) ;

}
```

实验6.7要点提示

实验6.8要点提示

实验6.9要点提示

实验6.10要点提示

实验 6.6　程序 SY6-6.C 中，函数 fun( )的功能是：对形参 s 所指字符串中下标为奇数的字符按 ASCII 码大小递增排序，并将排序后下标为奇数的字符取出，存入形参 p 所指字符数组中，形成一个新串。例如，形参 s 所指的字符串为BADCDBFGEDC，程序执行后 p 所指字符串数组中的字符串应为 ABCDG。

请勿改动程序的其他任何内容，仅在方括号处填入所编写的若干表达式或语句，并去掉方括号及括号中的数字。

实验 6.7　调试程序 SY6-7.C。用 arer( )函数求出 10 个数的平均值，并找出其中的最大值和最小值，返回主函数输出其结果。允许增添和改动语法成分，但不能删除整条语句。

实验 6.8　编写程序 SY6-8.C。在 main( )函数中输入两个整数，调用递归函数gcd(u, v)求两个数的最大公约数，并在 main( )中输出结果。

递归调用算法为：如果 v=0，返回 u；否则返回 gcd(v, u%v)。

实验 6.9　调试程序 SY6-9.C。程序中 invert( )函数的功能是对数组 a[n]中的元素按逆序重新放置，主函数通过动态存储分配申请 n 个单元。

允许增添和改动语句，但不能删除整行。

实验 6.10　编写程序 SY6-10.C。编写一个函数 fun( )，该函数的功能是在一个给定的长度不超过 30 的数组中查找一个指定的整数。如果找到就返回其地址，否则返回空指针。在 main( )中输入数据，调用函数 fun( )，输出查找到的数组元素的地址和该数据，如果没有找到则输出 0。

习　题　6

一、选择题

6.1　设有定义 "double a[10], *s = a;"，以下能够代表数组元素 a[3]的是（　　　）。

（A）(*s)[3]　　　　（B）*(s+3)　　　　（C）*s[3]　　　　（D）*s+3

6.2　设有如下程序段

```
char s[20]= "Bejing", *p;
p=s;
```

执行 "p=s;" 后，以下叙述中正确的是（　　　）。

（A）可以用*p 表示 s[0]

（B）s 数组中元素的个数和 p 所指字符串长度相等

（C）s 和 p 都是指针变量

（D）数组 s 中的内容和指针变量 p 中的内容相同

6.3　以下函数的功能是（　　　）。

```
fun(char *p2, char *p1)
{ while((*p2=*p1)!='\0'){p1++;p2++;} }
```

（A）将 p1 所指字符串复制到 p2 所指内存空间

（B）将 p1 所指字符串的地址赋给 p2

（C）比较 p1 和 p2 两个指针所指字符串

（D）检查 p1 和 p2 两个指针所指字符串中是否有'\0'

6.4　以下程序段的错误原因是（　　　）。

```
int *p,i;
char *q,ch;
p=&i; q=&ch; *p=40; *p=*q;
```

（A）p 和 q 的类型不一致，不能执行*p=*q 语句

（B）*p 中存放的是地址值，因此不能执行*p=40 语句

（C）q 没有指向具体的存储单元，所以*q 没有实际意义

（D）q 虽然指向了具体的存储单元，但该单元中没有确定的值，所以执行
　　　*p=*q 没有意义，可能会影响后面语句的执行结果

6.5　有如下程序段

```
 int a[10] = {1,2,3,4,5,6,7,8,9,10}, *p=a;
```

则能表达数组元素 9 的语句是（　　　）。

（A）*p+9　　　　（B）*(p+8)　　　　（C）*p+=9　　　　（D）p+8

二、读程序分析程序的运行结果

6.6　以下程序运行后的输出结果是（　　　）。

```
#include <stdio.h>
#define N 8
void fun( int *x, int i )
{ *x=*(x+i); }
int main( void)
{
   int a[N]={1,2,3,4,5,6,7,8 }, i;

   fun(a, 2);
   for( i=0; i<N/2; i++ )
     printf( "%d", a[i] );
   return(0);
}
```

（A）1313　　　　（B）2234　　　　（C）3234　　　　（D）1234

6.7 以下程序运行后的输出结果是（　　　）。

```c
#include <stdio.h>
int f( int t[], int n );
int main(void)
{
    int a[4]= {1,2,3,4}, s;

    s=f(a,4);  printf( "%d\n", s );
    return(0);
}
int f( int t[], int n )
{
    if( n>0 ) return t[n-1]+f(t, n-1);
    else return 0;
}
```

（A）4   （B）10   （C）14   （D）6

6.8 以下程序运行后的输出结果是（　　　）。

```c
#include <stdio.h>
void f( int *p, int *q );
int main(void)
{
    int m=1, n=2, *r = &m;

    f( r, &n );
    printf( "%d,%d", m, n );
    return(0);
}
void f( int *p, int *q )
{  p = p+1; *q = *q+1; }
```

（A）1,3   （B）2,3   （C）1,4   （D）1,2

6.9 以下程序运行后的输出结果是（　　　）。

```c
#include <stdio.h>
#include <stdlib.h>
int  fun( int n )
{
    int  *p;

    p = ( int* )malloc( sizeof( int ) );
     *p=n; return *p;
}
int main(void )
{
```

```
    int a;

    a = fun( 10 );
    printf( "%d\n", a+fun(10 ) );
    return(0);
}
```

（A）0　　　　　　（B）10　　　　　　（C）20　　　　　　（D）出错

6.10　以下程序运行后的输出结果是（　　）。

```
#include <stdio.h>
int fun( int (*s)[4], int n, int k )
{
    int m, i;

    m = s[0][k];
    for( i=1; i<n; i++ ) if( s[i][k]>m ) m= s[i][k];
    return m;
}
int main(void )
{
    int a[4][4] = {{1,2,3,4}, {11,12,13,14}, {21,22,23,24},
    {31,32,33,34}};

    printf( "%d\n", fun( a, 4, 0 ) );
    return 0;
}
```

（A）4　　　　　（B）34　　　　　（C）31　　　　　（D）32

6.11　以下程序运行后的输出结果是（　　）。

```
#include <stdio.h>
#include <string.h>
void fun( char *s[ ], int n )
{
    char *t;
    int i, j;

    for( i=0; i<n-1; i++ )
        for( j=i+1; j<n; j++ )
            if(strlen(s[i])>strlen(s[j])) { t=s[i]; s[i]=s[j]; s[j]=t; }
}
int main(void )
{
    char  *ss[]={"bcc", "bbcc", "xy", "aaaacc", "aabcc" };

    fun(ss,5);
```

```
        printf( "%s, %s\n", ss[0], ss[4] );
        return 0;
    }
```

（A）xy,aaaacc　　（B）aaaacc,xy　　（C）bcc,aabcc　　（D）aabcc,bcc

6.12　运行以下程序时，从第 1 列开始输入字符 "This is a book!<CR>"（<CR>代表换行符），则程序的运行结果是（　　）。

```
#include <stdio.h>
int main(void)
{
    int flag=1;
    char ch;
    int chang( char *, int);

    do{
        ch = getchar();
        flag = chang (&ch, flag);
        putchar (ch);
    }while (ch!='\n');
    return(0);
}

int chang(char *c, int fg)
{
    if (*c= =' ')  return 1;
    else if (fg && *c<='z' && *c>='a')  *c+='A'-'a';
    return 0;
}
```

（A）tHIS IS A BOOK!　　　　　　　　（B）this Is A Book!
（C）This Is A Book!　　　　　　　　（D）This Is a Book!

三、填空题

6.13　以下程序段运行后的输出结果是＿＿＿。
```
int a[5]={2,4,6,8,10}, *p;
p=a;  p++;
printf( "%d", *p );
```

6.14　mystrlen( )函数的功能是计算 str 所指字符串的长度，并作为函数值返回，则程序空白处应填写的是＿＿＿＿。
```
int mystrlen(char *str)
{ int i;

    for(i=0;_____ != '\0';i++);
    return(i);
}
```

6.15　请完善下列函数。函数的功能是：找出一维数组元素中的最大值和它所在的下标，并将最大值和其下标通过形参传回。

```
void fun(int a[],int n, int *max, int *d)
{
    int i;

    *max=a[0];  *d=0;
    for(i=0;_____;i++)
      if(*max<_____ )
        {*max=a[i];*d=i;}
}
```

第7章 结构体

C 语言提供了丰富的数据类型供用户使用。这些数据类型（如整型、实型、字符型等）决定了数据在计算机中占有的内存大小、可取值的范围以及能进行的操作。在处理较复杂的问题时，C 语言还提供了构造类型供用户使用。例如，在第 5 章数组中，已经介绍了一种构造类型——数组，数组的特点是所有数据类型必须相同。

然而在实际生活中，我们经常遇到的数据具有不同的数据类型，但它们之间却有着紧密的联系。在考虑这种问题时，不能只考虑单个数据或者一部分数据，需要将这组数据作为一个整体去讨论。为了满足上述需求，下面再介绍另一种构造类型——结构体，其特点是数据类型不必相同。

7.1 单个学生信息的输入输出

微视频 7-1：
引入结构体

7.1.1 案例

【例 7-1】 输入一个学生的基本信息，并将读入的信息输出在屏幕上显示，其中基本信息包括姓名、学号、年龄和成绩等。

算法分析：在这个案例中只涉及数据的输入与输出，这里定义了一个输出函数 output( )。通过 main( ) 函数实现数据的输入，通过调用 output( ) 函数实现数据的输出。根据前面的知识，要输入姓名、学号、年龄和成绩就需要分别定义不同的数据类型，例如：

```
char name[10];              /* 姓名 */
char num[15];               /* 学号 */
int age;                    /* 年龄 */
double score;               /* 成绩 */
```

这样的定义不能反映数据之间的关系，在例 7-1 中采用结构体类型更好地体现了这些相关数据的整体性。

例7-1   stu_information.cpp

```c
#include <stdio.h>
#include <stdlib.h>
struct student                    /*定义 struct student 结构类型*/
{
    char name[10];
    char num[15];
    int age;
    double score;
};
int main(void)
{
    char age[10],score[10];
    struct student stu1,stu2;
    void output(struct student);

    printf("input name:");        /* 输入姓名 */
    gets(stu1.name);
    printf("input num:");         /* 输入学号 */
    gets(stu1.num);
    printf("input age:");         /* 输入年龄 */
    gets(age);
    stu1.age=atoi(age);
    printf("input score:");       /* 输入成绩 */
    gets(score);
    stu1.score=atof(score);       /* 将字符数据转换为整型数 */
    stu2=stu1;                    /*把 stu1 结构变量赋给 stu2 结构变量*/
    output(stu2);                 /*函数的调用，结构变量作实参*/
    return(0);
}
void output(struct student stu2)  /* output( )函数 */
{
    printf("name:%s\n",stu2.name);
    printf("num:%s\n",stu2.num);
    printf("age:%d\n",stu2.age);
    printf("score:%.2lf\n",stu2.score);
}
```

程序运行结果：
input name:张三✓
input num:201801020304✓
input age:18✓
input score:99✓

```
name:张三
num:201801020304
age:18
score:99.00
```

程序及知识点解析

输入不同类型的数据时，为了避免出错，可以统一用 gets( )函数进行输入，再利用 C 语言提供的类型转换函数将读入的字符串转换为相应的数值型数据。类型转换函数的头文件是 stdlib.h。常用的类型转换函数原型为：

- int atoi(char *str);　　　/* 将 str 所指向的字符串转换为整型,函数的返回值为整数 */
- double atof(char *str); /* 将 str 所指向的字符串转换为实型,函数的返回值为实数 */
- long atol(char *str);　　/* 将 str 所指向的字符串转换为长整型, 函数的返回值为长整型数 */

例如,在程序例7-1 中的第 22 行将 age 中存放的字符串转换成整数,第 25 行将 score 中存放的字符串转换成实数。

7.1.2 结构类型的定义

在例 7-1 中，第 3～9 行定义了一个 struct student 的结构类型，将不同数据类型的变量或数组组合成一个整体，解决了数组不能存放不同数据类型的问题。将会使编程变得更简单。

定义结构类型的一般形式为：

```
struct 结构类型名
{
    类型名 1   结构成员表 1;
    类型名 2   结构成员表 2;
        …
    类型名 n   结构成员表 n;
};
```

struct 为结构体类型关键字，它向编译系统声明这是一个结构体类型，其后紧跟结构类型名，struct 和结构类型名之间应有间隔符（一般是空格）；大括号内是该结构体的各个成员列表，每个成员都必须声明其类型；结构类型名和结构成员名都应符合用户标识符命名规则。结构类型定义最后的分号不可省略。

例如，在程序例7-1 中的第 3～9 行，struct 和 student 一起组成了类型名 struct student，它和系统提供的整型（int）、字符型（char）、单精度类型（float）和双精度类型（double）等类型名一样，可以用来定义具体变量的类型。程序第 5～8 行，定义了 4 个结构成员：name、num、age 和 score。

📖 **提示**

（1）"}" 后面的分号不能省略。

（2）当结构成员表中有多个同类型成员时，结构成员之间用逗号隔开。

例如，在程序例 7-1 中的第 3～9 行，还可以改写成：

```
struct student
{
    char name[10],num[15];    /* 两个结构成员同为整型 */
    int age;
    double score;
};
```

（3）结构成员的类型可以是一般数据类型（整型、实型、字符型等），也可以是构造类型（数组、结构体等）。

例如：

```
struct birth                    /* 先定义 struct birth 结构类型 */
{
    int month,day,year;
};
struct student                    /* 定义 struct student 结构类型 */
{
    char name[10];
    char num[15];
    struct birth birthday;/* struct birth 是结构类型，birthday 是结构成员 */
    double score;
};
```

C 语言遵循先定义后使用的原则，上面先定义了一个 struct birth 结构类型，再在 struct student 结构类型定义中使用 struct birth 结构类型定义了一个结构成员 birthday。也可以在 struct student 结构类型中直接定义 struct birth 结构类型，如：

```
struct student
{
    char name[10];
    char num[15];
    struct birth
    {
        int month,day,year;
    }birthday;  /*直接将 struct birth 结构类型嵌入到 struct student 结构类型中*/
    double score;
};
```

（4）为了使程序在所有位置都能使用结构类型，结构类型一般放在程序的开头定义，即在所有函数的最前面。

7.1.3　结构变量的定义及初始化

结构类型的定义表示构成结构类型的数据结构，即说明此结构体内包含的各结构成员的类型和名字，并没有为此在内存中开辟相应的空间。只有定义了结构变量后，C 编译程序才为其分配相应的存储空间。

在定义了结构类型之后，用户就可以间接或直接定义结构变量并初始化了。结构变量会在内存中占用相应的空间。

1．间接定义及初始化

间接定义方法是先定义结构类型，再定义结构变量。例如，在程序例7-1 中的第3～9 行先定义了结构类型 struct student，再在 main( )函数中定义结构变量 stu1 和 stu2（程序第 13 行）。

与普通变量一样，在定义结构变量的同时还可以给各成员赋初值，即结构变量的初始化。初始化时按照所定义的结构类型，依次给出各结构成员的初始值，C 编译时将这些值按顺序赋给该结构变量的各成员。例如：

```
struct student stu1={"张三","101",19,99},stu2={"李四","102",18,100};
```

以上是对 stu1 和 stu2 结构变量赋初值，赋值结果如表 7.1 所示。

表 7.1　结构变量 stu1 和 stu2 的初始化结果

结构成员名	stu1 的结构成员赋值结果	stu2 的结构成员赋值结果
name	张三	李四
num	101	102
age	19	18
score	99	100

结构变量 stu1 和 stu2 会在定义时由系统分配相应的内存单元，该存储空间是各成员的存储空间之和。在不同编译系统中，系统为给结构变量分配不同大小的存储空间。

当结构体中内嵌另一个结构体时，同样可以进行初始化。例如：

```
struct student
{
    char name[10];
    char num[15];
    struct birth
    {
        int month,day,year;
    }birthday;
    double score;
};
struct student stu3={"王五", "103",{1,1,1999},98};
```

以上是对 stu3 结构变量进行赋初值，其中系统为其分配存储空间并赋值，其赋值结果如表 7.2 所示。

表 7.2　结构变量 stu3 的初始化结果

结构成员名			stu3 的结构成员赋值结果
name			王五
num			103
birthday		month	1
		day	1
		year	1999
score			98

2. 直接定义及初始化

直接定义方法是定义结构类型的同时定义结构变量。例如：

```
struct student            /* 定义 struct student 结构类型 */
{
    char name[10];        /* 姓名 */
    char num[15];         /* 学号 */
    int age;              /* 年龄 */
    double score;         /* 成绩 */
}stu1,stu2;               /* 定义结构变量 stu1 和 stu2 */
```

在直接定义中，结构变量的初始化方法同于间接定义。例如：

```
struct student
{
    char name[10];
    char num[15];
    int age;
    double score;
}stu1={"张三","101",19,99},stu2={"李四","102",18,100};
```

3. 一次性直接定义及初始化

这是一种无名的结构类型。例如：

```
struct                    /* 无结构类型名 */
{
    char name[10];
    char num[15];
    int age;
    double score;
}stu1,stu2;               /* 定义结构变量 stu1 和 stu2 */
```

初始化方式和直接定义相同。例如：

```
struct
{
    char name[10];
    char num[15];
    int age;
    double score;
}stu1={"张三","101",19,99},stu2={"李四","102",18,100};
```

📖 **提示**

结构成员名可与程序中的变量名相同，它们代表着不同的对象，不能混为一谈。

例如，在程序例 7-1 中的第 7～8 行，age 和 score 是 struct student 结构类型的结构成员，第 12 行 age 和 score 是字符型一维数组名。

7.1.4 用 typedef 定义类型

C 语言提供了一种用自定义的新类型名去替代原有类型名的方法，即 typedef 定义类型。通过这种方法可以为已有的类型重新命名。

用 typedef 定义类型的一般形式如下：

```
typedef 原类型名 新类型名;
```

其中，原类型名是 C 语言提供的任何一种数据类型，如 int、long、float、double、char 等。新类型名是为该类型新定义一个用户自定义标识符。为了便于区分 C 语言提供的类型名和新类型名，新类型名通常用大写字母表示。

例如：

```
typedef int INTEGER;
```

该语句定义了一个新的类型名 INTERGER，该类型和 int 完全等价，其用法也和 int 完全相同。例如，"int x,y,z;" 与 "INTERGER x,y,z;" 完全等价。

用此方法，可以为已有的数组或者指针取一个新的名字。例如：

```
typedef char STRING[80],*POINT;
STRING s1,s2;
POINT p1,p2;
```

还可以为已有的结构类型取一个新的名字。例如，在程序例 7-1 中的第 9 行后添加语句：

```
typedef struct student STUD;
```

或将程序例 7-1 中的第 3～9 行改写为：

```
typedef struct student        /* typedef 为自定义类型关键字 */
{
    char name[10];
    char num[15];
    int age;
    double score;
}STUD;                        /* 此处 STUD 是新类型名，而不是结构变量 */
```

这里为已有的结构类型 struct student 取一个新的名字 STUD。在以后的程序中，需要定义该结构类型的变量时都可以用 STUD 了。例如，将程序例 7-1 中的第 13 行改写为：

```
STUD stu1,stu2;
```

7.1.5　结构成员的引用

在定义了结构类型和结构变量之后，就可以进行结构成员的引用了，一般用结构成员运算符 "." 引用结构体中某个具体的成员，其一般形式如下：

```
结构变量名.结构成员名
```

（1）"."运算符的优先级最高，结合方向从左至右。通过结构变量引用结构成员时，可以将其作为一个整体进行各种运算，其用法与同类型的普通变量相同。例如对程序例 7-1 中 stu1 的各结构成员进行赋值运算，可表示为：

```
strcpy(stu1.name, "张三");
strcpy(stu1.num, "101");
stu1.age=19;
stu1.score=99;
```

可以把 stu1.name、stu1.num、stu1.age 和 stu1.score 视作一个整体，所以以上

语句实际是对 stu1 的各成员赋值，但语句"stu1={"张三","101",19,99};"是错误的赋值方法。

（2）不能将一个结构变量作为一个整体进行引用，只能对结构变量中的结构成员分别进行引用。

下面是正确的输入和输出方法：

```
scanf("%s%s%d%lf",stu1.name,stu1.num,&stu1.age,&stu1.score);
printf("%s%s%d%lf",stu1.name,stu1.num,stu1.age,stu1.score);
```

下面是错误的输入和输出方法：

```
scanf("%s%s%d%lf",stu1);
printf("%s%s%d%lf",stu1);
```

（3）可以把一个结构变量赋给另一个同结构类型的结构变量，即进行整个结构数据的复制。例如，在程序例7-1 中的第 26 行，由于 stu1 和 stu2 都是 struct student 结构类型的变量，所以可以进行赋值运算，从而使 stu2 各结构成员的值与 stu1 同名成员的值相同。

（4）如果结构成员的类型也是结构类型，引用该结构成员时应该利用结构成员运算符逐级引用，且只能对最后一级成员进行引用。例如有如下程序段：

```
struct student
{
    char name[10];
    char num[15];
    struct birth
    {
      int month,day,year;
    }birthday;
    double score;
}stu3;
```

则对 birthday 中各结构成员的输入和输出方法是：

```
scanf("%d%d%d",&stu3.birthday.month,&stu3.birthday.day,&stu3.birth-
day.year);
printf("%d%d%d",stu3.birthday.month,stu3.birthday.day,stu3.birthday.
year);
```

注意：不能用 stu3.birthday 来访问结构变量 stu3 中的结构成员 birthday，因为 birthday 本身也是一个结构变量（birthday 为结构类型 struct birth 的结构变量）。

7.1.6 结构变量作为函数的参数

当把结构变量作为函数的实参传递给另一个函数，在另一个函数中的形参应该是与实参具有相同结构类型的结构变量，如程序例7-1 中的第 27 行，实际上 stu2 是将整个结构都传递给了 output( )函数的 stu2。这与普通变量作为实参一样，是传值调用。这种传递具有单向性，即只能由实参传递给形参，而形参的值进行了改变，实参不会随着形参的改变而改变。

　　思考：如果再编写一个 input( )函数用于实现结构变量各成员值的输入，该如何修改例 7-1 中的程序？

　　由于结构体占用的内存空间过大，结构变量作为函数的参数进行函数调用，不仅实参占用了内存空间，形参也要占用同样大小的内存空间，并由实参向形参进行传递。这种传递无论在空间上还是在时间上都要开销，执行效率太低。因此在实际应用中，建议最好不要使用这种方法。

7.2　投票统计问题

7.2.1　案例

　　【例 7-2】　编写竞选投票统计程序。某班级有两位同学竞选班长，每次输入一位同学的姓名为该同学投一票，直到输入 0 为止。最后输出两位同学竞选得票结果。

　　算法分析：这个案例需定义两个结构成员，分别表示两位竞选者的姓名（name）和得票数（count）。将两个竞选者的得票数初始化为 0 才能进行投票统计。用 election( )函数完成投票统计过程，main( )函数完成变量的初始化和投票结果的输出。

　　在此案例中，需定义两个相同类型的变量，分别表示两位竞选者的信息，因此在程序例7-2 中采用了结构数组。

源代码 7-2：
votingstatistics.
cpp

例 7-2	votingstatistics.cpp

```
1   #include <stdio.h>
2   #include <string.h>
3   struct student
4   {
5     char name[10];
6     int count;
7   };
8   int main(void)
9   {
10    int i;
11    struct student stud[2]={"张三",0,"李四",0};
12    void election(struct student *);
13
14    election(stud);                /* 函数的调用，结构数组名作为函数的实参 */
15    printf("\nelection results:\n");
16    for(i=0;i<2;i++)
17      printf("name:%s\tcount:%d\n",stud[i].name,stud[i].count);
18    return(0);
19    }
    /* 函数的定义，结构指针名作为函数的形参 */
```

例 7-2   **votingstatistics.cpp**

```
20  void election(struct student *stud)
21  {
22    int i;
23    char name[10];
24
25    do
26    {
27      printf("input name:");          /* 输入一个名字 */
28      gets(name);
29      for(i=0;i<2;i++)
30        if(strcmp(stud[i].name,name)==0)/* 判断竞选人和输入的名字是否一致 */
31          stud[i].count++;              /* 相应的票数加 1 */
32    }while(strcmp(name,"0")!=0);        /* 输入 0 退出投票统计 */
33  }
```

程序运行结果:
```
input name:张三✓
input name:张三✓
input name:李四✓
input name:张三✓
input name:李四✓
input name:0✓
election results:
name:张三        count:3
name:李四        count:2
```

程序及知识点解析

在 election( )函数中定义字符数组 name,用 name 存放投票的候选人姓名。election( )函数的功能是输入一个姓名,用这个姓名和两个候选人姓名比较,相同则表示投票给该候选人,直到输入 0 退出。程序第 29 行到第 31 行还可以改写成:

```
/* 判断输入的名字是否为张三。如果是,则张三得票数加 1*/
if(strcmp(stud[0].name,name)==0)stud[0].count++;
/* 判断输入的名字是否为李四。如果是,则李四得票数加 1*/
if(strcmp(stud[1].name,name)==0)stud[1].count++;
```

思考:例7-2 程序中的第 32 行 "while(strcmp(name,"0")!=0)",能否写成 "while(name==0)" 或者 "while(strcmp(name,'0')!=0)",为什么?

7.2.2 结构数组的定义及初始化

一组类型相同的变量可以构成数组,一组结构类型相同的结构变量可以构成结构数组。例如,例 7-2 程序中第 11 行的 stud 是一个具有两个元素的结构数组,每个元素都是一个具有 struct student 类型的结构变量。

例7-2 程序中第 11 行对结构数组进行初始化,还可以写成:

```
struct student stud[2]={{"张三",5},{"李四",3}};
```

定义数组 stud 时，由于是对全部结构数组元素赋初值，可以不指定结构数组的长度，结构数组长度由系统根据花括号中数字的个数自动确定。即：

```
struct student stud[ ]={{"张三",5},{"李四",3}};
```

或

```
struct student stud[ ]={"张三",5,"李四",3};
```

结构数组各元素在内存中也是连续存放的，结构数组名代表结构数组的首地址，如表 7.3 所示。

表 7.3 结构数组 stud 的初始化结果

结构数组名	结构成员名	结构成员赋值结果
stud[0]	name	张三
	count	5
stud[1]	name	李四
	count	3

例如，在例 7-2 程序中的第 11 行，对结构数组 stud 进行初始化的结果是将两位同学竞选前的得票数清零。

7.2.3 结构数组元素的引用

结构数组元素一般用结构成员运算符 "." 引用，其一般形式如下：

结构数组名[下标].结构成员名

例如，可以对例 7-2 程序中的 stud 结构数组进行如下引用：

```
strcpy(stud[0].name,"张三");
stud[0].count=5;
strcpy(stud[1].name,"李四");
stud[1].count=3;
```

📖 **提示**

下标运算符 "[ ]" 和结构成员运算符 "." 的优先级同为最高等级，结合方向为自左至右，所以，stud[0].name 是指 stud[0] 的 name 成员值。

例如，在例 7-2 程序中第 30 行的 if(strcmp(stud[i].name,name)==0)，其中第 1 个 name 表示结构数组 stud[i] 的成员 name，第 2 个 name 是该函数中定义的字符数组 name，不要混为一谈。程序第 31 行中的 stud[i].count++，由于成员运算符 "." 优先级高于自增运算符 "++"，因此该行表示 stud[i] 的 count 成员值自增 1。即如果输入的姓名和 stud[i].name 相同，则 stud[i].count 自增 1。

7.2.4 结构数组作为函数的参数

结构数组名作为函数实参时，相应的形参可以是与实参类型相同的结构数组或者指针变量。函数调用时将结构数组的首地址传递给形参，所以形参的首地址与实参相同，对形参数据的修改其实就是对实参数据的修改。例如，例 7-2 程序中第 14

行是将结构数组作为实参进行传址调用，最后输出竞选结果。程序第 20 行，在 election( )函数中用同类型的结构指针作形参，程序第 20 行还可以写成：

　　（1）可变长数组，即：election(struct student stud[ ])；

　　（2）固定长数组，即：election(struct student stud[2])。

　　由于是传址调用，形参的修改会影响到实参，所以在子函数中竞选投票的结果直接反馈给实参，最后在主函数中输出竞选结果。

7.3　日　期　问　题

7.3.1　案例

【例7-3】　编写一程序，实现输入任意日期（包括年、月、日），输出该日期是本年中的第几天。利用如下 typedef 定义类型：

```
typedef struct date
{
  int year;
  int month;
  int day;
}DATE;
```

算法分析：编写两个函数 input( )和 count( )，分别实现任意日期的输入和该日期是本年中的第几天的统计。input( )函数需要返回 main( )函数输入的日期，再将这个输入日期传递给 count( )函数，count( )函数将统计结果返回给 main( )函数。

源代码 7-3：
DateProblem.cpp

例 7-3	DateProblem.cpp

```
1    #include <stdio.h>
2    typedef struct date
3    {
4      int year;
5      int month;
6      int day;
7    }DATE;                                /* 自定义类型 DATE */

8    int main(void)
9    {
10     DATE d,*p=&d;                       /* DATE 类型的变量 d 和指针 p */
11     void input(DATE *);
12     int count(DATE *);
13
14     input(&d);                          /* 结构变量的地址作为函数的实参 */
       /* 结构指针作为函数的实参 */
15     printf("The %dth days in the year\n",count(p));
```

例 7-3   DateProblem.cpp

```
16    return(0);
17  }
18  void input(DATE *d)                        /* input()函数 */
19  {
20      printf("Please input the date(yy-mm-dd):");
21      scanf("%d%d%d",&d->year,&d->month,&d->day);
22  }

23  int count(DATE *p)                         /* count()函数 */
24  {
25    int i,day=0;
26    int month[12]={31,0,31,30,31,30,31,31,30,31,30,31};

28    if(p->year%4==0)                         /* 求该年是否为闰年 */
29      if(p->year%100==0)
30        if(p->year%400==0)
31          month[1]=29;                       /* 是闰年，2月份为29天 */
32        else
33          month[1]=28;                       /* 不是闰年，2月份为28天 */
34      else
35        month[1]=29;                         /* 是闰年，2月份为29天 */
36    else
37      month[1]=28;                           /* 不是闰年，2月份为28天 */
38    for(i=0;i<p->month-1;i++)                /* 求该年本月之前有多少天 */
39      day=day+month[i];
40    day=day+p->day;                          /* 加上本月已过天数 */
41    return(day);
42  }
```

程序运行结果：
```
Please input the date(yy-mm-dd):2016 4 1↙
The 92th days in the year
```
程序及知识点解析

在 count( )函数中定义整型数组 month，表示一年中每个月的天数。由于 2 月份的天数不固定，初始化为 0。输入年份后，计算该年是否是闰年，以确定 2 月份的天数。再计算本月之前有多少天，这个天数加上本月已过的天数就是本日期在该年中第几天了。例如，计算 2016 年 4 月 1 日是该年中的第几天。通过运算，得知 2016 年是闰年，该年 2 月为 29 天，因此计算本日期是该年中的第几天，就是计算一月天数（31 天）、二月天数（29 天）、三月天数（31 天）和四月已过天数（1 天）之和。

7.3.2 结构指针变量

当指针变量指向一个变量，就可以通过该指针变量访问指向的变量。当指针变量指向一个数组，就可以通过该指针变量访问指向的数组的所有元素。同理，当结构指针变量指向一个结构变量，该结构指针变量的值就是结构变量的起始地址，就可以通过该结构指针变量引用指向的结构变量。当结构指针变量指向一个结构数组，该结构指针变量的值就是结构数组的起始地址，就可以通过该结构指针变量引用指向的结构数组的所有元素。

结构指针变量定义的一般形式如下：

```
struct 结构类型 *指针变量名;
```

结构指针变量的初始化就是将结构指针变量指向相应的同结构类型的变量或者数组。例如，在程序例 7-3 中的第 10 行：

```
struct date d,*p=&d;
```

还可以用同样方法定义数组：

```
struct date day[2],*q=day;
```

在此，结构变量 d 和结构指针变量 p 具有相同结构类型，初始化时使结构指针变量 p 指向结构变量 d。结构数组 day 和结构指针变量 q 具有相同结构类型，初始化时使结构指针变量 p 指向结构数组 day 的第一个元素。

引用结构变量的成员可以用以下两种形式：

① 结构指针变量名->结构成员名

② (*结构指针变量名).结构成员名

在第二种形式中，因为"*"运算符的优先级低于"."运算符，所以为了使结构指针变量先指向一个结构变量再求该结构变量的结构成员，圆括号不能去掉。

"->"运算符由减号加上大于号组成，中间不能有空格。它和"."运算符一样，优先级最高，结合方向从左至右。例如，p->year 和(*p).year 具有同样效果，但前一种表示法比后一种更简单直观，所以建议用前一种表示法。

📖 提示

根据运算符的优先级，如有：

```
struct date day[2]={{2012,8,8},{2016,8,5}},*q=day;
```

则以下运算的含义是不一样的：

（1）++q->year 表示结构成员 year 的值加 1，相当于++(q->year)，其值为 2013。

（2）(++q)->year 表示结构指针 q 的值加 1，使其指向下一个数组元素 day[1]，再求 day[1]的结构成员 year，其值为 2016。

7.3.3 结构变量的地址作为函数的参数

在 7.1.6 节中已经提到，结构变量作为函数的参数是传值调用，开销大。实际上，将结构变量的地址作为函数的实参就能解决这个问题。将结构变量的地址作为函数的实参时，与之相对应的同结构类型的指针变量作为函数的形参，这是一种传址调用，系统不必再为形参开辟一个与实参同样大小的存储空间，只需使结构指针变量指向实参，即可实现实参向形参的传递，大大地提高了程序的执行效率。例如，在程序例7-3 中第 10 行定义有：

```
DATE d;
```

第 14 行的调用函数为：

```
input(&d);                          /* 结构变量的地址作为函数的实参 */
```

第 18～22 行是 input( )函数的定义。执行第 14 行时，系统将结构变量 d 的地址复制给第 18 行的结构指针变量 d。

7.3.4 结构指针作为函数的参数

结构指针变量作为函数的实参也是一种传址调用，相应的形参是同结构类型的指针变量。例如，在程序例7-3 中第 10 行定义有：

```
DATE d,*p=&d;
```

第 15 行的调用函数为：

```
count(p);                           /* 结构指针作为函数的实参 */
```

这里的 p 是结构指针变量，当它作为实参进行函数调用时，将该结构指针变量 p 的值复制给第 23 行的形参结构指针变量 p。

7.4　带头结点的单向链表

微视频 7-2:
建立链表

在第 5 章中学习的是用数组存放数据，这种存储方式有 3 个缺点：其一，数组存放必须事先定义一片连续的内存空间，当不清楚具体大小的时候，必须按最大空间分配；其二，所分配的内存空间大小是不能改变的；其三，对数组元素进行插入和删除操作时，移动的数据量过大。

本节将讨论一种新的数据结构——链表，它能动态地在内存中存储数据，并且存储空间可以是连续的，也可以是不连续的。

链表有 3 种：单向链表、双向链表和循环链表。本节只讨论单向链表。

7.4.1 案例

【例 7-4】 建立一个带头结点的单向链表，每个结点包括学生的姓名、学号和成绩。该链表按学号顺序递增。通过菜单

```
input your choice:
1.insert
2.delete
3.exit
```

输入相应的数字，分别实现链表的插入、删除和退出操作。

要求：建立的链表必须按学号排序；插入或删除一个结点后，该链表仍然按学号排序。

算法分析：

该案例要实现链表的创建、插入、删除和退出，所以可以分别由 4 个函数实现：creat( )、insert( )、delete( )和 print( )。它们的实现过程如下，且其流程图分别如图 7.1、图 7.2、图 7.3、图 7.4 所示。

● creat( )函数完成链表的建立。首先定义 3 个结构指针变量：h、p、q；然后建立头结点，用结构指针变量 h 和 p 指向它，并且给头结点的各成员赋初值；第三步建立第 1 个结点，用结构指针变量 q 指向它，根据输入姓名是否为 "0"，决定该结点是否存在，如果输入非 "0"，在输入完结点数据后，用结构指针变量 p 指向该结点；这时建立第 2 个结点，用结构指针变量 q 指向它，继续判断输入结点的姓名是否为 "0"，如果输入非 "0"，在输入完结点数据后，用结构指针变量 p 指向该结点。以此类推，继续建立第 3 个结点，直到输入 "0"，使结构指针变量 p 的指针域为空，完成链表的建立。

建立链表的过程，就是让 h 指向头结点，p 指向前一个结点，q 指向新建立的结点的过程。当建立一个新结点时，就用 p 指向上一个结点，q 指向下一个新建立的结点。如此重复，直到链表建立完成。所以，链表的头指针 h 很重要，它总是指向头结点，访问链表就是从 h 指向的头结点开始访问的。

注意：这种算法的缺点是先开辟一个结点，再进行该姓名是否为 "0" 的判断。那么最后一次输入 "0" 之前，也开辟了一个结点，且该结点没有用处。所以在 creat( )函数中必须释放该结点空间。

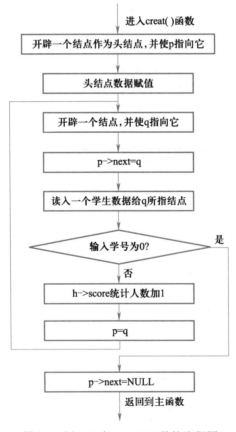

图 7.1　例 7-4 中 creat( )函数的流程图

● insert( )函数完成链表的插入。待插入结点由 s 结构指针指向。插入一个结点，结点的个数加 1，即 h->score++。然后使结构指针变量 p 指向头结点，结构指针变量 q 指向第一个结点。如果 q 指向为空，证明链表中没有结点，这时插入的结点就是第一个结点。如果链表不为空，则按照学号查找其相应位置。查找的方法类同链表的建立，总是让 p 指向前一个结点，q 指向后一个结点。查找到位置的情况有两种：一种是 q->num>=s->num，表示 s 指向结点应放在 q 指向结点的前面；第二种是 q->next==NULL，表示找到了链表的末尾，那么 s 指向的结点放在链表的最后。

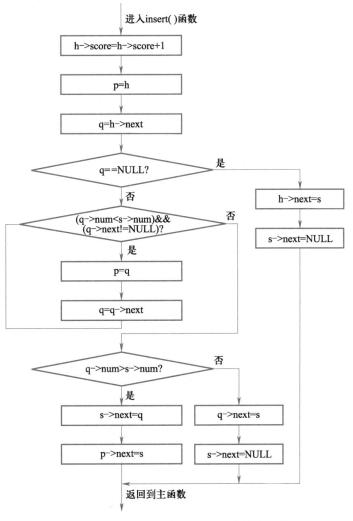

图 7.2 例 7-4 中 insert( )函数的流程图

微视频 7-4：
链表的删除

● delete( )函数完成链表的删除，待删除的学号由 delnum 给出。删除一个结点，不能在该函数最开始使结点的个数减 1，因为存在找不到该学号的情况。应首先使结构指针变量 p 指向头结点，结构指针变量 q 指向第一个结点。如果 q 指向不为空，则将 q->num 和 delnum 进行比较，相等说明找到了待删除结点，则将前一个结点的指针域指向该结点的后继结点，即 p->next=q->next。然后释放 q 指向的结点空间，结点的个数减 1，即 h->score--。q->num 和 delnum 进行比较，若不相等，就继续往后查找，让 p 指向这个结点，q 指向后一个结点。如果 q 指向为空，则输出"wrong number！"。

delete( )函数最后的 q==NULL 判断框可以不要，直接执行输出语句。想一想，为什么？

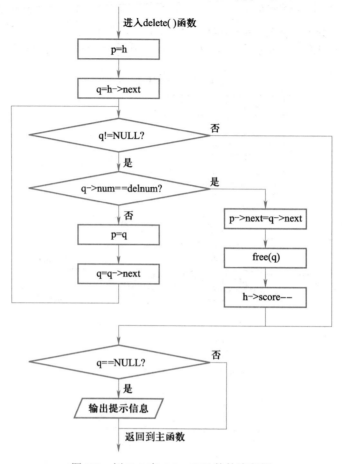

图 7.3 例 7-4 中 delete( )函数的流程图

• print( )函数完成链表的输出。首先使结构指针变量 p 指向第一个结点（注意不是头结点），即 p=h->next，然后依次输出每个结点的数据域信息，直到结构指针变量 p 指向末尾。

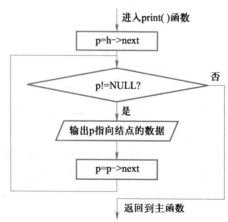

图 7.4 例 7-4 中 print( )函数的流程图

例 7-4   ChainTable.cpp

```cpp
1   #include <stdio.h>
2   #include <stdlib.h>
3   #include <string.h>
4   typedef struct student
5   {
6       char name[10];
7       int num;
8       int score;
9       struct student *next;
10  }STUD;
11
12  int main(void)
13  {
14      int i,delnum;
15      char score[10],num[10];
16      STUD *h,*s;
17      STUD *creat();
18      void insert(STUD *,STUD *);
19      void del(STUD *,int);
20      void print(STUD *);
21
22      printf("\ninput the records:\n");
23      h=creat();                              /* creat( )函数的调用 */
24      print(h);                               /* print( )函数的调用 */
25      while(1)
26      {
27          printf("\ninput your choice:\n 1.insert\n 2.delete\n 3.exit\n");
28          gets(score);
29          i=atoi(score);
30          switch(i)
31          {
32              case 1:                         /* 链表的插入 */
33                  s=(STUD *)malloc(sizeof(STUD)); /* 建立一个结点 */
34                  printf("\ninput the inserted record:\n");
35                  printf("input name:");      /* 输入姓名 */
36                  gets(s->name);
37                  printf("input number:");    /* 输入学号 */
38                  gets(num);
39                  s->num=atoi(num);
40                  printf("input score:");     /* 输入成绩 */
41                  gets(score);
42                  s->score=atoi(score);
43                  insert(h,s);                /* insert( )函数的调用 */
```

例 7-4　　　　　　　　　　　　　ChainTable.cpp

```
44              print(h);                           /* print( )函数的调用 */
45              break;
46          case 2:                                 /* 链表的删除 */
47              printf("\ninput the deleted number:\n");
48              gets(num);
49              delnum=atoi(num);
50              del(h,delnum);                      /* del( )函数的调用 */
51              print(h);                           /* print( )函数的调用 */
52              break;
53          case 3:                                 /* 退出执行 */
54              return(0);
55          default:
56              printf("\nwrong number!\n");
57          }
58      }
59  }
60
61  STUD *creat()                                   /* creat( )函数 */
62  {
63    STUD *h,*p,*q;
64    char score[10],num[10];
65
66    h=(STUD *)malloc(sizeof(STUD));               /* 建立头结点 */
67    p=h;                                          /* 指针 p 指向头结点 */
68    strcpy(p->name,"0");                          /* 头结点结构成员 name 赋值 */
69    p->num=0;                                     /* 头结点结构成员 num 赋值 */
70    p->score=0;                                   /* 头结点结构成员 score 赋值 */
71    while(1)
72    {
73      q=(STUD *)malloc(sizeof(STUD));             /* 建立新结点 */
74      p->next=q;                                  /* 形成链 */
75      printf("input name(input 0 to exit):");     /* 输入姓名 */
76      gets(q->name);
77      if(strcmp(q->name,"0")==0)break;            /* 输入为 0 时退出循环 */
78      printf("input number:");                    /* 输入学号 */
79      gets(num);
80      q->num=atoi(num);
81      printf("input score:");                     /* 输入成绩 */
82      gets(score);
83      q->score=atoi(score);
84      h->score++;                                 /* 统计人数加 1 */
85      p=q;                                        /* 指针 p 指向该结点 */
86    }
87    p->next=NULL;                                 /* 最后一个结点的后继结点为空 */
```

例 7-4   ChainTable.cpp

```
88      free(q);
89      return(h);
90  }
91
92  void insert(STUD *h,STUD *s)              /* insert( )函数 */
93  {
94      STUD *p,*q;
95      h->score++;                           /* 统计人数加 1 */
96      p=h;                                  /* 指针 p 指向头结点 */
97      q=h->next;                            /* 指针 q 指向第一个结点 */
98      if(q==NULL)                           /* 原来的链表为空 */
99      {
100         h->next=s;
101         s->next=NULL;
102         return;
103     }
104     while((q->num<s->num)&&(q->next!=NULL))/* 查找指针 s 指向结点应存放
                                                    的位置 */
105     {
106         p=q;
107         q=q->next;
108     }
109     if(q->num>s->num)                     /* 找到指针 s 指向结点的位置 */
110     {
111         s->next=q;
112         p->next=s;
113     }
114     else                    /* 没找到,将指针 s 指向结点放在链表的最后 */
115     {
116         q->next=s;
117         s->next=NULL;
118     }
119 }
120
121 void del(STUD *h,int delnum)               /* del( )函数 */
122 {
123     STUD *p,*q;
124
125     p=h;                                  /* 指针 p 指向头结点 */
126     q=h->next;                            /* 指针 q 指向第一个结点 */
127     while(q!=NULL)
128     {
129         if(q->num==delnum)                /* 找到待删除结点 */
130         {
```

例 7-4   ChainTable.cpp

```
131        p->next=q->next;
132        free(q);
133        h->score--;                        /* 统计人数减 1 */
134        break;
135      }
136      p=q;
137      q=q->next;
138    }
139    if(q==NULL)                            /* 没有找到待删除结点 */
140    printf("wrong number!\n");
141  }
142
143  void print(STUD *h)                       /* print( )函数 */
144  {
145    STUD *p;
146
147    p=h->next;                             /* 指针 p 指向第一个结点 */
148    printf("\nThe chain is:\n");
149    printf("\tnumber\tname\tscore\n");
150    while(p!=NULL)
151    {
152      printf("\t%3d\t%s\t%3d\n",p->num,p->name,p->score);
153      p=p->next;                           /* 指针 p 指向下一个结点 */
154    }
155  }
```

程序运行结果：

```
input the records:
input name(input 0 to exit):张三✓
input number:101✓
input score:99✓
input name(input 0 to exit):李四✓
input number:103✓
input score:98✓
input name(input 0 to exit):王五✓
input number:105✓
input score:100✓
input name(input 0 to exit):0✓

The chain is:
    number  name    score
    101     张三     99
    103     李四     98
```

```
        105      王五      100
```

```
input your choice:
 1.insert
 2.delete
 3.exit
1↙
```

```
input the inserted record:
input name:刘六↙
input number:102↙
input score:100↙
```

```
The chain is:
        number  name    score
        101     张三      99
        102     刘六     100
        103     李四      98
        105     王五     100
```

```
input your choice:
 1.insert
 2.delete
 3.exit
2↙
```

```
input the deleted number:
103↙
```

```
The chain is:
        number  name    score
        101     张三      99
        102     刘六     100
        105     王五     100
```

```
input your choice:
 1.insert
 2.delete
 3.exit
3↙
```

程序运行说明:

（1）建立有 3 个结点的单向链表。结果如下:

```
number  name    score
101     张三      99
103     李四      98
```

```
105      王五     100
```

（2）插入一个姓名为刘六的结点。结果如下：

```
number  name     score
101      张三      99
102      刘六      100
103      李四      98
105      王五      100
```

（3）删除一个学号为103的结点。结果如下：

```
number  name     score
101      张三      99
102      刘六      100
105      王五      100
```

（4）退出程序的运行。

7.4.2　单向链表

单向链表由一个指向第一个结点的头指针 h 和若干被称为结点的数据项构成。每个结点包括数据域和指针域，数据域存放用户的数据，指针域指向下一个存放的结点，其中最后一个结点的指针域为空（NULL 或者'\0'）。单向链表分为带头结点的单向链表和不带头结点的单向链表，其中不带头结点的单向链表结构如图 7.5 所示。

图 7.5　不带头结点的单向链表结构

由于单向链表头指针 h 指向链表的第一个结点，当完成在第一个结点之前增加一个结点或者删除第一个结点的操作时，都需要改变头指针 h 的指向，这就给程序带来了不稳定性。所以通常在第一个结点之前再增加一个结点，使头指针 h 指向这个结点，这就是头结点。头结点的数据域为空或是存放结点个数等信息，指针域指向第一个结点。带头结点的单向链表结构如图 7.6 所示。

图 7.6　带头结点的单向链表结构

如果用前面介绍的结构变量来作链表的结点，结构类型可以设计如下：

```
struct node
{
    int data;                    /* 数据域 */
    struct node *next;           /* 指针域，指向同类型的指针变量 */
};
```

提示

头结点和第 1 个结点是两个不同的概念。头结点是带头结点的单向链表的首个结点，它的存在是为了避免插入和删除第 1 个结点时需要修改头指针指向。（见 7.4.4 节 单向链表的插入和删除）而第 1 个结点是单向链表中第 1 个存储了数据的结点，在此之后是第 2 个结点，第 3 个结点……直到第 n 个结点。

7.4.3 单向链表的建立

有了结构类型，就可以建立链表了。首先定义一个头指针 h，然后为每个结点分配相应的存储空间，最后为结点的数据域和指针域分别赋值。

例如，要建立只有两个结点的单向链表，如图 7.7 所示，则 creat( )函数为：

```
struct node *creat()                              /* creat( )函数 */
{
  struct node *h,*p,*q;
  p=(struct node *)malloc(sizeof(struct node)); /* 建立结点,p指针指向该结点 */
  q=(struct node *)malloc(sizeof(struct node)); /* 建立结点,q指针指向该结点 */
  h=p;                                            /* 头指针指向第一个结点 */
  p->data=5;                                      /* 第一个结点的数据域赋值 */
  p->next=q;                                      /* 第一个结点的指针域赋值 */
  q->data=10;                                     /* 第二个结点的数据域赋值 */
  q->next=NULL;                                   /* 第二个结点的指针域赋值 */
  return(h);
}
```

图 7.7 只有两个结点的单向链表

建立链表的过程，就是一个一个地开辟结点，输入各结点的数据，并建立其结点间联系（即形成链）的过程。这就好像幼儿园的小朋友出门，首先是阿姨牵着第 1 个小朋友，然后是第 2 个小朋友牵着第 1 个小朋友的衣服，第 3 个小朋友牵着第 2 个小朋友的衣服……设想一下，如果这个队列中某个小朋友开小差了，忘记牵着前面一个小朋友的衣服，会怎样呢？当然是所有后面的小朋友都找不到路了，所以，建立链表的关键是链的形成，如果链出错了，会造成后面的结点存在但无法访问的情况，这是不允许的。

建立好链表后，就返回头指针的值。在以后程序中，如果需要再次访问各结点或者输出各结点数据域的值，只需要通过头指针依次访问该链表的各结点即可。例如：

```
void print(struct node *h)                /* print( )函数 */
{
    struct node *p;

    p=h;                                  /* 指针 p 指向第一个结点 */
```

```
        printf("\nThe chain is: ");
        while(p!=NULL)                        /* 最后一个结点的指针域为 NULL */
        {
            printf("-->%d",p->data);  /* 输出数据域的值 */
            p=p->next;                        /* 指针 p 指向下一个结点 */
        }
}
```

输出结果如下：

```
The chain is: -->5-->10
```

7.4.4 单向链表的插入和删除

1. 链表的插入

链表的插入是指将一个结点插入到链表指定位置上。链表的插入需要先分配存储空间给待插入结点，再给该结点的数据域赋值，最后通过头指针依次访问结点，找到需要插入的位置，插入该结点。

例如，要插入结点 s（如图 7.8（a）所示是链表插入前的结构），形成新的链表（如图 7.8（b）所示是链表插入后的结构），首先建立结点 s：

```
s=(struct node *)malloc(sizeof(struct node));/* 建立结点，s 指针指向该结点 */
s->data=7;                                    /* 数据域赋值 */
```

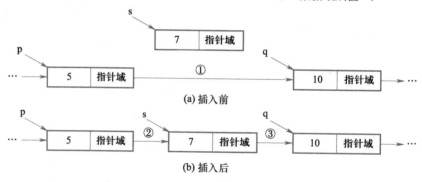

(a) 插入前

(b) 插入后

图 7.8　单向链表的插入

由图 7.8 可看出，链表的插入就是将链①删除，然后建立链②和链③的过程。如果已知：

```
q=p->next;
```

那么实现链表的插入语句是：

```
p->next=s;
s->next=q;
```

2. 链表的删除

链表的删除是指删除链表中某个特定条件的结点。例如，要删除结点 s（如图 7.9（a）所示是链表删除前的结构），形成新的链表（如图 7.9（b）所示是链表删除后的结构）。

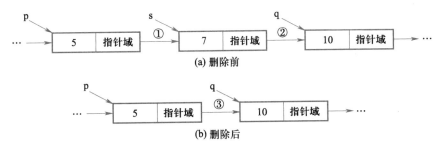

图 7.9 单向链表的删除

由图 7.9 可看出，链表的删除就是将链①和链②删除，然后建立链③的过程。
如果已知：

```
s= p->next;
q=s->next;
```

那么实现链表的删除语句是：

```
p->next=q;
```

删除之后，还需要释放被删除结点所占用的存储空间，语句是：

```
free(s);
```

7.5 实验内容及指导

实验 7.1 要点提示

一、实验目的及要求
1. 区别结构体类型和简单数据类型。
2. 掌握结构体类型及结构变量的定义和引用。
3. 掌握链表的建立、查找、插入和删除操作。
二、实验项目
实验 7.1 完善程序 SY7-1.C（部分程序代码如下）。程序的功能是按学生姓名查询其排名和平均成绩，查询可连续进行，直到输入 0 时结束。

```
#include <stdio.h>
#include <string.h>
#define NUM 4
struct student
{
  int rank;
  char * name;
  float score;
};
struct student stu [ ]= { 3, "Tom", 89.5, 4, "Mary", 76.5, 1, "Jack ",
98.0, 2, "Jim" , 92.0 };

int main(void)
```

```
{
    char str [10];
    int i;
    do {
        printf ("Enter a name: ");

    }while(strcmp(str, "0") != 0);
}
```

实验 7.2 要点提示

实验 7.2　有 4 名学生，每人考试两门课程。试完善程序 SY7-2.C（部分程序代码如下），编写 index( )函数检查总分高于 160 分和任意一科不及格的两类学生，将结果输出到屏幕上显示，并写出运行结果。

```
#include "stdio.h"
struct student
{
    char name[10];
    int num;
    float score1;
    float score2;
}stu[4]={{"Li", 1, 84., 82.}, {"Wang", 2, 71., 73.}, {"Zhao", 3, 90.,
68.}, {"Liu", 4, 67., 56}};

int main(void)
{
    struct student *p;
    int index (struct student * px);

    p=stu;
    index(p);
    return(0);
}
```

实验 7.3 要点提示

实验 7.3　程序填空。程序 SY7-3.C 的功能是：建立一个带头结点的单向链表，链表中的各结点按结点数据域中的数据递增的顺序连接。函数 fun( )的功能是：把形参 x 的值作为一个新结点的值插入到链表中，插入后各节点数据域的值仍然保持递增顺序。

实验 7.4 要点提示

实验 7.4　完善程序 SY7-4.C 中的 fun( )函数。在主函数中定义的结构体由学号和成绩组成，结构体数组 s 用于存放 N 名学生的学号和成绩。函数 fun( )的功能是把低于平均分的学生数据放在 b 指向的数组中，低于平均分的学生人数则通过形参 n 传回，平均分通过函数值返回。

实验 7.5　程序填空。某学生的记录由学号、8 门课程的成绩和平均分组成。学号和 8 门课程的成绩已在程序 SY7-5.C 的 main( )函数中给出。程序中 fun( )函数的功能是：求出该学生的平均分并存在记录的 ave 成员中。根据 main( )函数中给出的成绩计算的平均分应当是 78.875。

请勿改动程序中的其他任何内容，仅在方括号处填入所编写的若干表达式或语句，并去掉方括号及括号中的数字。

实验 7.6   改错题。程序 SY7-6.C 中 fun( )函数的功能是：对 N 名学生的学习成绩，按从低到高的顺序找出前 m（m≤10）名学生，并将这些学生数据存放在一个动态分配的连续存储区中，并返回此存储区的首地址。

程序中 found 注释行的下一行语句有错，请改正错误，使程序能得到正确结果。

实验 7.7   程序 SY7-7.C 由 main( )、fun( )和 sort( )3 个函数组成,函数的功能如下：

（1）fun( )函数的功能是：把高于等于平均分的学生数据放在 b 所指向的数组中，低于平均分的学生数据放在 c 所指向的数组中，高于等于平均分的学生人数和低于平均分的学生人数分别通过形参 n 和形参 m 传回 main( )函数，平均分通过函数值返回。

（2）sort( )函数的功能是：实现分数从高到低排序。

（3）main( )函数实现函数调用和结果输出，学生的记录由学号和成绩组成，N 名学生的数据已在主函数中放入结构体数组 s 中。

试完善 fun( )、sort( )和 main( )函数体中的语句。

习　题　7

一、选择题

7.1   若有以下说明和语句，则表达式的值为 101 的是（   ）。

```
struct wc
{
    int a;
    int *b;
} *p;

int x0[ ]={11, 12}, x1[ ]={31, 32};
static struct wx x[2]={100, x0, 300, x1};
p=x;
```
（A）*p->b   （B）p->a   （C）++p->a   （D）(p++)->a

7.2   若有以下说明，已知 int 类型的变量占两个字节，则叙述正确的是（   ）。

```
struct st
{
    int a;
    int b[2];
}a;
```
（A）结构变量 a 和结构成员 a 同名，不合法
（B）程序运行时将为结构 st 分配 6 个字节的内存单元

（C）程序运行时将为结构 st 分配内存单元

（D）程序运行时将为结构变量 a 分配 6 个字节的内存单元

7.3 若有以下的说明：

```
struct person
{
    char name[20];
    int age;
    char sex;
} a={"li ning", 20, 'm'}, *p=&a;
```

则对字符串 li ning 的引用方式不正确的是（　　）。

（A）(*p).name　　（B）p.name　　（C）a.name　　（D）p->name

7.4 设有以下说明语句

```
struct stu
{
    int a;
    float b;
} stutype;
```

则下面叙述中不正确的是（　　）。

（A）struct 是结构体类型的关键字

（B）struct stu 是用户定义的结构体类型

（C）stutype 是用户定义的结构体类型名

（D）a 和 b 都是结构体成员名

7.5 设有定义：

```
struct complex
    { int real, unreal; } data1={1,8 }, data2;
```

则以下赋值语句中错误的是（　　）。

（A）data2 = data1;　　　　　　　（B）data2 = (2,6);

（C）data2.real = data1.real;　　　（D）data2.real = data1.unreal;

7.6 设已建立如下链表结构，且指针 p 和 q 已指向如图所示的结点：

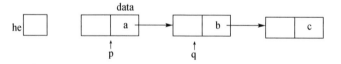

则以下选项中可实现将 q 所指向结点从链表中删除并释放该结点的语句组是（　　）。

（A）(*p).next = (*q).next; free(p);　　（B）p = q->next; free(q);

（C）p = q;　free(q);　　　　　　　　（D）p->next = q->next; free(q);

二、读程序分析程序的运行结果

7.7 运行以下程序后的输出结果是（　　）。

```
#include <stdio.h>
#include <string.h>
```

```
struct A
{ int a; char b[10]; double c; };
void f( struct A t );
int main(void )
{
    struct A a={ 1001,"ZhangDa",1098.0 };

    f(a);
    printf( "%d,%s,%6.1f\n", a.a, a.b, a.c );
    return(0);
}
void f( struct A t )
{
  t.a=1002;
  strcpy( t.b, "ChangRong" );  t.c=1202.0;
}
```

（A）1001,zhangDa,1098.0   （B）1002,ChangRong,1202.0

（C）1001,ChangRong,1098.0   （D）1002,ZhangDa,1202.0

7.8 运行以下程序的结果是（   ）。

```
#include<stdio.h>
int main(void )
{
  struct STU
  {
    char name[9];
    char sex;
    double score[2];
  };
  struct STU a = {"Zhao",'m',85.0,90.0 }, b = { "Qian",'f',95.0,92.0 };

    b = a;
    printf("%s,%c,%2.0f,%2.0f\n",b.name,b.sex,b.score[0],b.score[1]);
    return(0);
}
```

（A）Qian,f,95,92   （B）Qian,m,85,90

（C）Zhao,f,95,92   （D）Zhao,m,85,90

三、填空题

7.9 已知 head 指向单链表的第 1 个结点，调用 print( )函数输出该链表,请在
print( )函数中下画线处填入正确的代码。

```
#include<stdio.h>
#include<stdlib.h>
```

```
struct stud
{
  int info;
  struct stud *next;
};

void print(struct stud *head)
{
    struct stud *p;

    printf("\n the linklist is:");
    p=head;
    if(head!=NULL)
    do{
        printf("%d", p->info);
        p=_____;
    }while(_____);
}
```

7.10 已知 head 指向单链表的第 1 个结点，函数 del( ) 将从单链表中删除值为 num 的第 1 个结点，请在程序下画线处填入正确的代码。

```
#include<stdio.h>
struct student
{
  int info;
  struct student *link;
};

struct student *del(struct student *head, int num)
{
  struct student *p1, *p2;

  if(head==NULL)
     printf("\n list null!\n");
  else
  {
     p1=head;
     while(num!=p1->info && p1->link!=NULL)
     {  p2=p1; p1=p1->link;  }

     if(num==p1->info)
     {
         if(p1==head)
```

```
                _____;
        else
                _____;
        printf("delete:%d\n",num);
    }
    else
        printf("%d not been found! \n",num);
  }
  return(head);
}
```

第 8 章　文件

在前面几章的程序中，数据是从标准的输入设备（键盘）输入，运算的中间结果和最终结果或者保存在内存中，或者从标准输出设备（显示器）输出。用这种方式处理数据主要有两个问题：

（1）重复执行程序时，每次都需要重新输入数据，当需要输入大量数据时，这种方法的输入效率非常低。

（2）输出结果只能临时保存，当程序运行结束后，内存中的数据不再存在，要查看程序的运行结果，需要重新运行程序并且只能在屏幕上显示其结果。

为了解决这两个问题，可将需要输入的数据预先存储在磁盘上的文件中，运行程序时，让程序从文件中读取数据，而不是从键盘输入。由于文件中的数据可以被多次反复使用，从而提高了程序的运行效率。当程序计算出最终结果时，不仅可以在屏幕上显示该结果，同时可以将结果写入到磁盘的文件中，需要再次查看结果时，可以直接查看结果文件，而不需要再次运行程序。

不管是从文件中输入数据，还是把结果存储到文件中，都是对文件的操作，可见文件操作在 C 语言程序设计中具有非常重要的意义。文件操作主要是对文件中的信息进行读写，把文件中的内容读到内存中的操作，称为读文件操作；把内存中的数据存到文件中的操作，称为写文件操作。

C 语言中没有专门用于完成文件读写的语句，输入和输出是由 C 语言的库函数来完成的。在调用这些库函数时，必须在程序中包含头文件"stdio.h"，即"#include <stdio.h>"。

8.1　按字符方式读写文件

微视频 8-1：
文件的分类

8.1.1　案例

【例 8-1】　文件 A.txt 中存放了一段英文文字，编写程序实现从 A.txt 中读出所有的文字，统计各英文字母出现的次数（不区分大小写），并将出现次数超过 10 次的英文字母以大写形式存储在文本文件 B.txt 中。

A.txt 文件中的内容如下：

Select one of the links from the navigation menu (to the left) to drill down to the more detailed documentation that is available. Each available manual is described in more detail below.

算法分析：

1. 此题需要存储 26 个英文字母各自出现的次数，需要 26 个存储单元，可以采用数组的方式存储，并设定下标为 0 的元素存储'a'或'A'出现的次数；下标为 1 的元素存储'b'或'B'出现的次数；依此类推。

2. 每一个英文字符都有与其对应的 ACSII 码，所以判定一个字符是否为英文字母，可以检查其 ACSII 码是否在 65～90（大写字母）或 97～122（小写字母）之间。

3. 每一个字母需要与存储该字母出现次数的数组元素下标之间建立一个对应关系，存储大写字母出现次数的数组元素下标为该字母的 ASCII 码值减去 65，存储小写字母出现次数的数组元素下标为该字母的 ASCII 码值减去 97。

源代码 8-1：
CountChar.cpp

实验素材 8-1：
A.txt

例 8-1　　　　　　　　　　　CountChar.cpp

```
1    #include <stdio.h>
2    #include <stdlib.h>
3
4    int main( void )
5    {
6        FILE *fp;
7        int count[26]={0};
8        char ch;
9        int j;
10       void check(char ch,int c[]);
11       /*按读方式打开A.txt文件，若打开失败，则退出程序*/
12       if((fp=fopen("A.txt","r"))==NULL)
13       {
14         printf("cannot open A.txt\n");
15         exit(0);
16       }
17       while(!feof(fp))                      /*循环读取文件中每一个字符*/
18       {
19         ch=fgetc(fp);
20         /*调用check()函数对读取的字符进行检查并计数*/
21         check(ch,count);
22       }
23       fclose(fp);
24       /*按写方式打开B.txt文件，若打开失败，则退出程序*/
25       if((fp=fopen("B.txt","w"))==NULL)
26       {
27         printf("cannot open B.txt\n");
28        exit(0);
```

例 8-1   CountChar.cpp

```
29     }
30     for(j=0;j<26;j++)                      /*循环写入*/
31     {
32       printf("%c%1d", 65+j, count[j]);/*在屏幕上输出各字母出现的次数*/
33         if(count[j]>10)
34             fputc(65+j,fp);
35     }
36     fclose(fp);
37     return 1;
38 }
39
40 /*定义一个检查函数，若变量 ch 中为英文字母则记录其出现次数*/
41 void check(char ch,int c[])
42 {
43     if(ch>=65 && ch<=90)          /*变量 ch 中存放大写字母*/
44     {
45       c[ch-65]++;                 /*存储该字母出现次数的数组元素下标为 ch-65*/
46     }
47     else
48     {
49         if(ch>=97 && ch<=122) /*变量 ch 中存放小写字母*/
50         {
51             c[ch-97]++;           /*存储该字母出现次数的数组元素下标为 ch-97*/
52         }
53     }
54 }
```

程序运行结果：

输出到 B.txt 文件的内容是：

AEILOT

程序及其知识点解析

（1）文件指针类型 FILE、文件操作相关函数 fopen( )、fclose( )等都在 stdio.h 中声明，所以程序中第 1 行包含了 stdio.h 头文件；若未能正常打开文件，使用 exit( )函数退出程序，第 2 行代码包含了 exit( )函数的声明头文件 stdlib.h。

（2）第 6 行代码定义了一个文件类型指针 fp，文件类型指针简称为文件指针。每个被使用的文件都在内存中开辟一个相应的文件信息区，用来存放文件的相关信息（如文件的名称、状态及文件当前位置等），这些信息保存在一个结构体变量中，该结构体类型一般存放在编译系统的 stdio.h 头文件中，类型名为 FILE。文件指针变量用于操作与之关联的文件，每个文件指针同一时间只能与一个文件相关联。

（3）第 7 行代码用于定义数组 count 以记录各字母出现的次数，各元素初始值均为 0。

（4）第 12 行代码打开用于 A.txt 文件，第 17～22 行代码用于从 A.txt 文件中读取每一个字符（第 19 行代码），并调用 check( )函数对读取到的字符进行判断，若是英文字母则在相应的数组元素中计数统计。在所有文件内容读取并处理完成后，调用第 23 行代码关闭 A.txt 文件。第 25 行代码用于打开 B.txt 文件，第 33 行代码用于向 B.txt 文件中写入满足条件的字母，写入完成后，调用第 34 行代码关闭 B.txt文件。

（5）本程序中需要操作两个文件，但只定义了一个文件指针 fp，这是因为在程序第 22 行关闭前一个文件 A.txt 后，fp 不再与 A.txt 文件相关联，因此第 24 行可以再次使用这个已定义的文件指针与第二个文件 B.txt 关联，而不会引发错误。假设需要一边从 A 文件读取内容，一边将处理之后的结果写入 B 文件，则需要定义两个文件指针，分别与 A 和 B 文件建立联系。

（6）第 41 行代码判断当前读取的字符是否为一个大写字母。

（7）第 49 行代码判断当前读取的字符是否为一个小写字母。

（8）第 32 行代码在写入文件时，根据"算法分析"第 1 点中数组下标与英文字母之间关系的设定，用 65+j 将数组下标自动转换为对应英文字母的大写形式。

8.1.2 文件的打开与关闭

文件的操作遵循"打开文件"→"操作文件（包括读/写、修改、检索等）"→"关闭文件"这一基本流程。

1. 文件的打开

fopen( )函数的功能是打开一个文件，其调用的一般形式为：

```
文件指针名=fopen(文件名,文件使用方式)
```

其中：

- 文件指针名必须是被定义为 FILE 类型的指针变量。
- 文件名是待打开文件的文件名，如果没有指明盘符和路径则打开当前目录下的文件。
- 文件使用方式用于指明所打开文件的读/写方式，其中文件的各种使用方式如表 8.1 所示。

表 8.1 文件的使用方式

使用方式		含义
文本文件	二进制文件	
"r"	"rb"	以只读方式打开文件
"w"	"wb"	以只写方式打开文件，若文件不存在，则系统创建该文件，否则重写打开的文件
"a"	"ab"	以追加方式打开文件，并向文件尾添加数据
"r+"	"rb+"	以读/写方式打开文件，写新数据时，只覆盖新数据所占空间，其后数据不丢失
"a+"	"ab+"	以读/写方式打开文件，新数据写在文件的末尾
"w+"	"wb+"	以读/写方式打开文件，若文件不存在，则系统创建该文件，否则重写打开的文件

例如，程序例 8-1 中的第 12 行以只读方式打开文件 A.txt，文件指针 fp 指向 A.txt 的开始位置。第 25 行以只写方式打开文件 B.txt。

2．关闭文件

文件使用完后，应关闭文件，以避免出现文件中的数据丢失等错误。关闭文件用 fclose( )函数，fclose( )函数的调用格式为：

```
fclose(文件指针)
```

文件指针是指打开文件时所用的"文件指针名"，它指向被打开的文件。若文件关闭成功，该函数的返回值为 0，否则表示关闭文件失败。例如，程序例 8-1 中第 23 行和 36 行分别使用 fclose( )函数关闭 A.txt 和 B.txt 文件。

3．缓冲文件系统

微视频 8-2:
文件的缓冲机制

ANSI C 标准采用"缓冲文件系统"处理数据文件，所谓缓冲文件系统是指系统自动在内存区为程序中每一个正在使用的文件开辟一个文件缓冲区，俗称缓存。缓冲区根据其对应的是输入设备还是输出设备，分为输入缓冲区和输出缓冲区。从内存向磁盘输出数据时，必须先将数据送到内存中的输出缓冲区，输出缓冲区装满数据后则将数据送到磁盘存储并清空输出缓冲区（关闭文件时会将缓冲区中的低于缓冲区容量的数据写到磁盘上）。如果从磁盘读入数据，则一次从磁盘文件将一批数据读入到输入缓冲区（充满缓冲区），再从输入缓冲区逐个地将数据送到程序数据区给程序变量，如图 8.1 所示。

当关闭应用程序或输出缓冲区满时，则将输出文件缓冲区中的信息写入磁盘上，因此，当文件使用完毕后应及时关闭文件，以免因突然断电等原因造成缓冲区中的数据丢失。

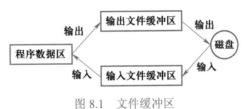

图 8.1 文件缓冲区

8.1.3 按字符方式读写文件

C 语言提供了 fgetc( )/fputc( )函数对文本文件进行字符的读/写（输入/输出）。

1．读一个字符

从指定文件中读出一个字符用输入函数 fgetc( )，该函数的原型为：

```
char fgetc(FILE *fp);
```

该函数的功能是从 fp 所指向文件的当前位置读取一个字符，并作为函数的返回值返回，函数调用出错时返回 EOF，因此，在调用该函数时可将返回值赋给一个字符变量。如例 8-1 中第 19 行利用 fgetc( )函数从文件指针 fp 所指向的文件 A.txt 中读取一个字符并赋给变量 ch。

2．写一个字符

将一个字符写入到一个指定文件中用输出函数 fputc( )，该函数的原型为：

```
char fputc(char ch, FILE *fp);
```

该函数的功能是把字符变量 ch 中的一个字符（或者一个字符常量）写入到文件指针变量 fp 所指文件的当前位置，若写入正确，则该函数的返回值就是写入文件的字符，否则返回 EOF。如例 8-1 中第 34 行将一个大写字母写入文件指针 fp 所指向的 B.txt 文件中。

8.1.4　检测文件结束函数 feof( )

读取一个文件中的内容时，往往要检查文件位置指针是否已经到达文件的结尾，即是否已经读完所有内容。位置指针是用来表示在文件中读取和写入位置的指针。以"r"方式打开文件时，文件位置指针在文件开始处，每读取一个字符，文件位置指针自动向后移动。C 语言提供了一个检测函数 feof( )，用来检测文件位置指针是否已经到达文件的结尾。其调用格式为：

```
feof(文件指针)
```

若文件指针所指文件的当前位置指针已到达文件结尾，则函数 feof( )返回值为 1（真），否则返回 0（假）。例如，程序例 8-1 中第 17 行利用 while 语句实现循环，文件当前位置指针还未到达文件结尾时（文件内容还没有读完），feof(fp) 的值为 0（假），则!feof(fp)的值为 1（真），继续循环读取下一个字符；当读完文件所有内容时，文件当前位置指针指向文件的结尾，此时 feof(fp)返回的值为 1（真），而!feof(fp)的值为 0（假），不满足 while 的循环条件，从而结束文件内容的读取，退出循环。

8.2　按行读写文件

8.2.1　案例

【例 8-2】　文件 souce.txt 存放的是"王牌对王牌"电影的主要演员名单，编写程序将文件中的演员名单按字典顺序排序后存入到 dest.txt 文件中，同时将排序的结果显示在屏幕上。

```
source.txt 文件中的内容：
    Samuel L. Jackson 塞缪尔·杰克逊
    Kevin Spacey 凯文·史派西
    Michael Cudlitz 迈克尔·库立兹
    Robert David Hall 罗伯特·大卫·豪尔
    Tom Bower 汤姆·鲍尔
    David Morse 大卫·摩斯
    Saul M. Rifkin 朗·瑞弗金
    John Spencer 约翰·斯宾塞
    Paul Giamatti 保罗·吉亚玛提
```

算法分析：

1. 演员名单可以看作是由多个字符串组成的二维数组，数组的第一维和第二维分别用于限定字符串的个数和长度。

2. 对演员名单进行排序是对一个字符串整体进行排序，fgetc( )函数只能对单个字符进行读写，在这里使用不适合，而且对名单按行读写更为简便。

3. 可以用冒泡法、选择法等方法对字符串排序。本例采用冒泡法对演员名单进行排序。

例 8-2	SortString.cpp

源代码 8-2：
SortString.cpp

实验素材 8-2：
Source.txt

```
1   #include "stdio.h"
2   #include "stdlib.h"
3   #include "string.h"
4   #define N 81
5   #define ROW 15
6
7   int main( void )
8   {
9     char str[ROW][N];              /*存放演员名单*/
10    int r=0;                       /*r 用于记录实际读到的字符串个数*/
11    void input(char str[][N],int *);
12    void sort(char s[][N],int r);
13    void output(char str[][N],int);
14
15    input(str,&r);
16    sort(str,r);
17    output(str,r);
18  }
19
20  void input(char str[][N],int *r)
21  {
22    FILE *in;
23
24    if((in=fopen("source.txt","r"))==NULL)
25    {
26      printf("cannot open the file source.txt\n");
27      exit(0);
28    }
29    printf("排序前名单:\n");
30    while(!feof(in) && *r<ROW)
31    {
32      fgets(str[*r],N,in);
33      printf("%s",str[*r]);
34      (*r)++;
35    }
```

例8-2   SortString.cpp

```
     /*为最后读到的一个字符串的结束标记后再添加一个结束标记*/
36     str[*r-1][strlen(str[*r-1])+1]='\0';
     /*再将最后读到的一个字符串的结束标记改为换行符*/
37   str[*r-1][strlen(str[*r-1])]='\n';
38     fclose(in);
39   }
40
41   void output(char str[][N],int r)
42   {
43    FILE *out;
44    int i;

45    if((out=fopen("dest.txt","w"))==NULL)
46    {
47        printf("cannot open file dest.txt\n");
48        exit(0);
49    }
50    printf("\n排序后名单:\n");
51    for(i=0;i<r;i++)
52    {
53        fputs(str[i],out);
54        printf("%s",str[i]);
55    }
56    fclose(out);
57   }
58
59    void sort(char s[][N],int r)
60    {
61    int i,j;
62    char tmp[N];
63
64    for(i=0;i<r-1;i++)
65        for(j=0;j<r-1-i;j++)
66        {
67            if(strcmp(s[j],s[j+1])>0)
68            {
69                strcpy(tmp,s[j]);
70                strcpy(s[j],s[j+1]);
71                strcpy(s[j+1],tmp);
72            }
73        }
74   }
```

程序运行结果：

排序前名单：

Samuel L. Jackson 塞缪尔·杰克逊

Kevin Spacey 凯文·史派西

Michael Cudlitz 迈克尔·库立兹

Robert David Hall 罗伯特·大卫·豪尔

Tom Bower 汤姆·鲍尔

David Morse 大卫·摩斯

Saul M. Rifkin 朗·瑞弗金

John Spencer 约翰·斯宾塞

Paul Giamatti 保罗·吉亚玛提

排序后名单：

David Morse 大卫·摩斯

John Spencer 约翰·斯宾塞

Kevin Spacey 凯文·史派西

Michael Cudlitz 迈克尔·库立兹

Paul Giamatti 保罗·吉亚玛提

Robert David Hall 罗伯特·大卫·豪尔

Samuel L. Jackson 塞缪尔·杰克逊

Saul M. Rifkin 朗·瑞弗金

Tom Bower 汤姆·鲍尔

程序运行后，dest.txt 文件中的内容和排序后名单的内容相同。

程序及其知识点解析

（1）由于本程序中需要使用字符串处理函数 strcpy( )、strcmp( )等，所以在第 3 行包含了头文件 string.h。

（2）程序定义 3 个子函数分别完成输入（input( )函数）、排序（sort( )函数）和输出（output( )函数）。

（3）第 9 行定义了用于存储演员名单的二维数组，ROW 控制演员个数（文本文件中的行数），N 控制演员名字的字符数。为避免下标越界，第 30 行代码使用了两个条件：未读到文件尾和当前读取的行数小于 ROW。

（4）第 32 行采用整行读取字符串的方式读取每位演员的姓名，并存入到二维数组 str 中。第 33 行将读入的演员姓名显示在屏幕上。

（5）函数 sort( )采用冒泡法对演员名单排序，用字符串比较函数 strcmp( )比较两个字符串的大小，用字符串复制函数 strcpy( )实现两个字符串的交换。

（6）第 51～55 行循环将排好序的演员名单显示在屏幕上，并输出到文件 dest.txt 中，其中第 53 行采用 fputs( )函数将一个字符串（行）整体写入文件。

（7）定义函数 input( )和 output( )时都定义了一个形式参数 r，但是 input( )函数中采用指针形式，而 output( )函数却采用简单变量传值形式，这是因为输入时 input( )函数获取到的演员人数需要在 main( )函数中使用，而输出时只需要 main( )函数向 output( )函数传递数据。

8.2.2 按行读写文件

按行读写文件主要适合对文本文件进行操作。

1．写入一个字符串

将一个字符串写入文件中使用 fputs( )函数，该函数的原型为：

```
int fputs(char *str,FILE fp);
```

该函数的功能是把字符指针变量 str 所指的字符串写入到文件指针变量 fp 所指的文件中，字符串结束符'\0'不输出，也不会自动在字符串的末尾加'\n'。输出成功时函数返回一个非负数，否则返回 EOF。如例 8-2 中第 53 行就是把 str 第 i 行的字符串写入到文件指针变量 out 所指向的文件中。

2．读出一个字符串

从文件中读出一个字符串使用 fgets( )函数，该函数的原型为：

```
char *fgets(char *str, int n, FILE *fp);
```

该函数的功能是从 fp 所指向的文件中读出一个长度为 n-1 的字符串，并将读出的字符串存放到字符指针变量 str 所指向的内存单元为首地址的一段连续内存单元中。读数据成功，则函数返回值为字符串的首地址；否则，返回 NULL。如果在读出 n-1 个字符结束之前遇到换行符或文件结束符 EOF，则结束读操作，并在最后一个字符后面加一个'\0'字符。如例 8-2 中第 32 行就是从文件指针 in 所指向的文件中读出一个长度为 N-1 的字符串。

8.3　按格式读写文件

8.3.1　案例

【例 8-3】 从文件 student.txt 中读出学生的学号、姓名、成绩并将其显示在屏幕上，再将读取的内容写入到 stud.txt 文件中。

student.txt 文件中的内容：

1 zhangsan 92.00

2 wangwu 88.00

3 lisi 90.00

算法分析：

由于 student.txt 文件中的学生人数未知，所以可采用循环输入，直到读到文件末尾。

源代码 8-3:
copyStuInfo.cpp

实验素材 8-3:
Student.txt

例 8-3	copyStuInfo.cpp
1	`#include <stdio.h>`
2	`#include <stdlib.h>`
3	
4	`int main( void )`

例 8-3   copyStuInfo.cpp

```
5   {
6       int num;                              /*定义一个整型变量存储学号*/
7       char name[20];                        /*定义存放姓名的字符数组*/
8       float score;                          /*定义一个单精度实型变量存储成绩*/
9       char str[20],ch;
10      FILE *fpRead;                         /*定义文件指针 fpRead 用于读取文件*/
11      FILE *fpWrite;                        /*定义文件指针 fpWrite 用于写文件*/
12
13      if((fpRead=fopen("student.txt","r"))==NULL)  /*以读的方式打开文件*/
14      {
15        printf("The file student.txt is not exist.");
16        exit(1);
17      }
18        if((fpWrite=fopen("stud.txt","w"))==NULL) /*以写的方式打开文件*/
19        {
20          printf("can't open the file");
21          exit(1);
22        }
23
24      while(fscanf(fpRead,"%d%s%f",&num,name,&score)!=EOF)/*循环读取信息*/
25      {
26        printf("%-10d%-20s%-f\n",num,name,score);
27            fprintf(fpWrite,"%-10d%-20s%-f\n",num,name,score);
28      }
29      fclose(fpRead);                              /*关闭文件*/
30        fclose(fpWrite);
31      return 0;
32  }
```

程序运行结果：

```
1       zhangsan            92.000000
2       wangwu              88.000000
3       lisi                90.000000
```

程序及其知识点解析

（1）第 10、11 行定义了两个文件类型指针，fpRead 用于读文件，fpWrite 用于写文件。

（2）第 24 行采用格式化输入函数 fscanf( )从文件指针 fpRead 所指向的文件中读取学生信息。

（3）第 27 行采用格式化输出函数 fprintf( )将学生信息写入到文件中。

8.3.2 按格式读写文件

与 scanf( )和 printf( )函数相对应，C 语言提供了对文件进行格式化读写的函数：
fscanf( )和 fprintf( )。与 scanf( )和 printf( )函数不同的是 fscanf( )和 fprintf( )函数把输
入和输出对象由终端变成了磁盘文件。

1. 格式化输出函数 fprintf( )

调用格式化输出函数 fprintf( )的一般形式为：

```
fprintf(文件指针,格式控制字符串,输出列表);
```

该函数的功能是按格式字符串指定的格式，将输出列表的数据写到文件指针指
向的文件中，其格式控制字符串输出列表与 printf( )函数相同。如果函数执行成功，
则返回写入文件的字符个数，否则返回 EOF。如例 8-3 中第 27 行，利用 fprintf( )
函数将学生信息写入到文件中。

2. 格式化输入函数 fscanf( )

调用格式化输入函数 fscanf( )的一般格式为：

```
Int fscanf (FILE *fp,char *format,…);
```

该函数的功能是从文件指针 fp 所指向的文件中读取数据，并按照 format 指定
的格式转换后，将其赋给对应的输入项（…）。其格式控制与输入表列的操作方法和
函数 scanf( )相同。如果函数执行成功，则返回输入项的个数；否则，返回 0；如果
遇到文件尾，则返回 EOF。如例 8-3 中第 24 行利用 fscanf( )函数读取学生信息。

8.4 按块读写文件

8.4.1 案例

【例 8-4】 从键盘输入学生数据（包括学号、姓名、成绩三项信息），将它们写
入 student.dat 文件中，然后从该文件中读出文件内容并显示在屏幕上。

算法分析：

此题与例 8-3 功能基本一致，但采用数组分别存储学生的信息不能够反映信息
之间的关联性，读写效率也比较低，所以可以考虑采用结构体解决本案例中的问题。
定义如下结构体：

```
struct student
{
  int num;
  char name[20];
  float score;
};
```

例 8-4　　　　　　　　　　　　inputStuInfo.cpp

```
1   #include <stdio.h>
2   #include <stdlib.h>
3   struct student
4   {
5     int num;
6     char name[20];
7     float score;
8   };
9
10  void file_put()
11  {
12    struct student stu;
13    char str[20],ch;
14    FILE *fp;
15
16    if((fp=fopen("student.dat","wb"))==NULL)
17    {
18      printf("can't open file");
19      exit(0);
20    }
21    do
22    {
23      printf("enter number:");
24      gets(str);
25      stu.num=atoi(str);
26
27      printf("enter name:");
28      gets(stu.name);
29
30      printf("enter score:");
31      gets(str);
32      stu.score=(float)atof(str);
33
34      fwrite(&stu,sizeof(struct student),1,fp);
35
36      printf("have another student record(y/n)?");
37      ch=getchar();
38      getchar();
39    }while(ch=='Y'||ch=='y');
40    fclose(fp);
41  }
42
43  void file_get()
```

例 8-4   inputStuInfo.cpp

```
44  {
45      struct student stu;
46      FILE *fp;
47
48      if((fp=fopen("student.dat","rb"))==NULL)
49      {
50          printf("can't open the file");
51          exit(0);
52      }
53      while(fread(&stu,sizeof(struct student),1,fp)==1)
54      {
55          printf("%-10d%-20s%-f\n",stu.num,stu.name,stu.score );
56      }
57      fclose(fp);
58  }
59
60  int main(void)
61  {
62      file_put();
63      file_get();
64      return 1;
65  }
```

程序运行结果：

```
enter number:1
enter name:zhang san
enter score:92
have another student record(y/n)? y
enter number:2
enter name:wangwu
enter score:88
have another student record(y/n)? Y
enter number:3
enter name:li si
enter score:90
have another student record(y/n)? n
1       zhang san       92.000000
2       wangwu          88.000000
3       li si           90.000000
```

程序及其知识点解析

（1）file_put( )函数将从键盘输入的学生信息按块写入文件 student.dat 中，file_get( )函数按块读出文件 student.dat 中的数据并将其输出到屏幕上显示。

（2）第 16 行代码以"wb"方式打开文件，按二进制形式进行写操作。

（3）第 34 行代码中的 fwrite( )函数按块形式将结构体变量 stu 中的内容写入 fp

所指文件中。

（4）第 53 行代码表示一次读取一位同学的信息到结构变量 stu 中，比采用 3 个数组 num，name 和 score 解决此问题更加便捷直观。

8.4.2　按块读写文件

1．写数据块函数 fwrite( )

写数据块函数 fwrite( )的原型为：

```
int fwrite(void *buf, int size, int count, FILE *fp);
```

该函数的功能是将内存中从 buf 地址开始的 count 个大小为 size 字节的数据块写入 fp 指向的文件中。

函数返回值是成功进行写操作的数据块个数，正常情况下，其值应该与 count 相同，否则返回值将小于 count。如例 8-4 中的第 34 行是将从结构体变量 stu 的起始地址把 1 个大小为 struct student 类型的字节数据块写入到文件指针 fp 所指文件中，即将 stu 中所有的内容写入到文件中。

2．读数据块函数 fread( )

读数据块函数 fread( )的原型为：

```
int fread(void *buf, int size, int count, FILE *fp);
```

该函数的功能是从 fp 指向的文件（已经打开）中连续读出 count 个大小为 size 字节的数据块，存放在以 buf 为起始地址的内存中。

函数正确执行则返回实际读出的数据块的个数（应与 count 相同），否则返回 0。如例 8-4 中的第 53 行，按块一次读入一个学生的学号、姓名、成绩信息到结构体变量 stu 中。

8.5　实验内容及指导

一、实验目的及要求

1．学会建立磁盘数据文件，进行数据文件的输入和输出。

2．能熟练运用 fopen、fclose、fgetc、fputc、fgets、fputs、fprintf、fscanf、fread、fwrite 等文件处理函数。

3．能编写一般的文件处理类程序。

二、实验项目

实验 8.1　编写程序 SY8-1.C。修改 SY3-2.C 的程序，使其结果不仅输出到屏幕上，同时输出到文件 SY8-1.dat 中。

实验 8.2　调试程序 SY8-2.C。该程序的功能是从键盘输入一个字符串，将其中的小写字母全部转换为大写字母，然后输出到文件 SY8-2.dat 中保存，输入的字符串以"！"结束。允许修改和添加语句，但不能删除整行。

实验8.1要点提示

实验8.2要点提示

实验 8.3 程序 SY8-3.C 的功能是：调用函数 fun( )将指定源文件中的内容复制到指定的目标文件中，复制成功时函数返回 1，失败返回 0。在复制的过程中，把复制的内容输出到终端屏幕显示，其中 main( )函数中源文件名放在数组 sfname 中，目标文件名放在数组 tfname 中。请勿改动程序的其他任何内容，仅在方括号处填入所编写的若干表达式或语句，并去掉方括号及括号中的数字。

实验 8.4 完善程序 SY8-4.C 中的 fun( )函数，它的功能是：把高于等于平均分的学生数据放在 b 所指的数组中，高于等于平均分的学生人数通过形参 n 传回，平均分通过函数值返回。学生的记录由学号和成绩组成，N 名学生的数据已在 main( )函数中放入结构体数组 s 中。请勿改动 main( )函数和其他函数中的任何内容，仅在函数 fun( )的花括号中填入编写的若干语句。

习　题　8

一、选择题

8.1 下列关于 C 语言文件的叙述中正确的是（　　　）。

（A）文件由一系列数据依次排列组成，只能构成二进制文件

（B）文件由结构序列组成，可以构成二进制文件或文本文件

（C）文件由数据序列组成，可以构成二进制文件或文本文件

（D）文件由字符序列组成，其类型只能是文本文件

8.2 fseek 函数的正确调用形式是（　　　）。

（A）fseek（文件指针，起始点，位移量）

（B）fseek（文件指针，位移量，起始点）

（C）fseek（位移量，起始点，文件指针）

（D）fseek（起始点，位移量，文件指针）

8.3 若 fp 是指向某文件的指针，且通过该文件指针读数据已读到文件末尾，则函数 feof(fp)的返回值是（　　　）。

（A）EOF （B）−1 （C）1 （D）NULL

8.4 函数 fscanf( )的正确调用形式是（　　　）。

（A）fscanf(fp,格式字符串,输出表列)；

（B）fscanf(格式字符串,输出表列,fp)；

（C）fscanf(格式字符串,文件指针,输出表列)；

（D）fscanf(文件指针,格式字符串,输入表列)；

8.5 函数 rewind( )的作用是（　　　）。

（A）使文件位置指针重新返回文件的开始位置

（B）将文件位置指针指向文件中所要求的特定位置

（C）使文件位置指针指向文件的末尾

（D）使文件位置指针自动移至下一个字符位置

二、读程序分析程序的运行结果

8.6 有以下程序

```
#include <stdio.h>
int main(void )
{
    FILE *fp;
    char str[10];

    fp=fopen( "myfile.dat", "w" );
    fputs( "abc", fp ); fclose(fp);
    fp = fopen( "myfile.data", "a++" );
    fprintf( fp, "%d", 28 );
    rewind( fp );
    fscanf( fp, "%s", str );  puts( str );
    fclose( fp );
    return(0);
}
```

运行程序后的输出结果是（   ）。

（A）abc   （B）28c

（C）abc28   （D）因类型不一致而出错

8.7 有以下程序

```
#include <stdio.h>
int main(void )
{
    FILE *f;

    f = fopen( "filea.txt", "w" );
     fprintf(f, "abc" );
     fclose( f );
    return(0);
}
```

若文本文件 filea.txt 中原有内容为：hello，则运行以上程序后，文件 filea.txt 中的内容为（   ）。

（A）helloabc   （B）abclo   （C）abc   （D）abchello

8.8 执行以下程序后，abc.dat 文件中的内容是（   ）。

```
#include <stdio.h>
int main(void )
{
    FILE *pf;

    char *s1="China", *s2="Beijing";
```

```
        pf = fopen( "abc.dat", "wb+" );
        fwrite( s2,7,1,pf );
        rewind( pf );
        fwrite( s1,5,1,pf );
        fclose( pf );
        return(0);
    }
```

(A) China

(B) Chinang

(C) ChinaBeijing

(D) BeijingChina

8.9 有以下程序

```
#include <stdio.h>
int main(void )
{
    FILE *fp;
    int a[10]={1,2,3}, i, n;

    fp = fopen( "dl.dat", "w" );
    for( i=0; i<3; i++)
        fprintf( fp, "%d", a[i] );
    fprintf( fp, "\n" );
    fclose(fp);
    fp = fopen( "dl.dat", "r" );
    fscanf( fp, "%d", &n );
    fclose(fp);
    printf( "%d\n", n );
    return(0);
}
```

运行程序的结果是（   ）。

(A) 12300   (B) 123   (C) 1   (D) 321

三、填空题

8.10 以下程序用来判断指定文件能否正常打开，请将程序补充完整。

```
#include <stdio.h>
int main(void)
{
    FILE *fp;

    if (((fp = fopen( "test.txt", "r"))==【10】 ))
        printf ("未能打开文件! \n");
    else
        printf( "文件打开成功! \n" );
    return(0);
}
```

8.11 以下程序用于实现从名为 filea.dat 的文本文件中逐个读入字符并在屏幕

上显示，请将程序补充完整。

```
#include<stdio.h>
int main(void )
{
  FILE *fp; char ch;

  fp = fopen(  【11】  );
  ch = fgetc(fp);
  whlie(!feof(fp))
  {
    putchar(ch);
    ch=fgetc(fp);
  }
  putchar( "\n" );
  fclose(fp);
  return(0);
}
```

8.12　下面程序用于实现把从终端读入的文本（用@作为文本结束标志）输出到一个名为 bi.dat 的新文件中，请将程序补充完整。

```
#include "stdio.h"
FILE *fp;
int main(void)
{
  char ch;

  if((fp=fopen(【12】))==NULL) exit(0);
  while((ch=getchar())!='@')
      fputc (ch,fp);
  fclose(fp);
  return(0);
}
```

8.13　在对文件操作的过程中，若要求文件的位置指针返回到文件的开始处，应当调用的函数是　【13】　。

第 9 章 综合案例

9.1 高效计算

9.1.1 案例

【例 9-1】 计算 $m*2^n$ 值。

算法分析：计算 $m*2^n$ 值，通常情况下，可以使用幂函数 pow(2,n)来实现，但效率较低。如果采用直接面对机器硬件的位运算，可大大提高运算效率，即将二进制位 1 向左移动 n 位得到 2^n 结果。

源代码 9-1：Efficient_calculation.cpp

例 9-1   Efficient_calculation.cpp

```
 1    #include<stdio.h>
 2
 3     int main()
 4     {
 5       int n;
 6       double m,s;
 7
 8       printf("Please input m:");
 9       scanf("%lf",&m);
10       printf("Please input n:");
11       scanf("%d",&n);
12
13       s=m*(1<<n);                          /* 将二进制 1 向左移动 n 位得 2ⁿ */
13       printf("S=%.2lf\n",s);
14
15       return 0;
16     }
```

程序运行结果：
```
Please input m: 2.5
```

```
Please input n: 3
S=20.00
Press any key to continue
```

说明：程序中第 12 行，如果 s、m 为 int 型，则语句可以改写为"s=m<<n;"。

9.1.2 位运算符

C 语言提供对于底层硬件的位运算符，相当于机器运算符，可以解决一些特殊问题且运算速度很快。

位运算的运算对象只能是整型或字符型数据，位运算把运算对象看作是由二进制位组成的位串信息，按位完成指定的运算，得到位串信息的结果。

位运算符有：&（按位与）、|（按位或）、^（按位异或）、~（按位取反）。

其中，按位取反运算符是单目运算符，其余均为双目运算符。位运算符的优先级从高到低，依次为~、&、^、|。其中~运算符的结合方向是自右至左，且优先级高于算术运算符，其余运算符的结合方向都是自左至右，且优先级低于关系运算符。

1. 按位与运算符（&）

按位与运算将两个运算分量的对应位按位遵照"同为 1 的位，结果为 1，否则结果为 0；即见假即假"的规则进行计算，即：

$0 \& 0 = 0, 0 \& 1 = 0, 1 \& 0 = 0, 1 \& 1 = 1$。

例如，计算 3 & 5 的结果。

```
    0 0 0 0 0 0 1 1
&   0 0 0 0 0 1 0 1
   ────────────────
    0 0 0 0 0 0 0 1
```

按位与运算有两种典型用法，一种是取一个位串信息的某几位，例如，截取 x 的低 7 位的代码为：x & 0177。另一种是让某变量保留某几位，其余位置 0，例如，要让 x 只保留低 6 位可用的代码为：x = x & 077。以上用法都先要设计好一个常数，该常数将需要保留的位置设为 1，不需要保留的位置设为 0，然后用它与指定的位串信息进行按位与运算。

a%2 等价于 a&1。

2. 按位或运算符（|）

按位或运算将两个运算分量的对应位按位遵照"只要有 1 个是 1 的位，结果为 1，否则为 0；即见真即真"的规则进行计算，即：

$0 | 0 = 0, 0 | 1 = 1, 1 | 0 = 1, 1 | 1 = 1$

例如，计算 3 | 5 的结果。

```
    0 0 0 0 0 0 1 1
|   0 0 0 0 0 1 0 1
   ────────────────
    0 0 0 0 0 1 1 1
```

按位或运算的典型用法是将一个位串信息的某几位置为 1。例如要获得最右 4 位为 1，其他位与变量 j 的其他位相同，可用逻辑或运算 017|j，若要把结果赋给变

量 j，可写成：j = 017 | j。

3．按位异或运算符（^）

按位异或运算将两个运算分量的对应位按位遵照"相应位的值相同的，结果为 0，不相同的结果为 1"的规则进行计算：

$0 \wedge 0 = 0, 0 \wedge 1 = 1, 1 \wedge 0 = 1, 1 \wedge 1 = 0$

例如，计算 $3 \wedge 5$ 的结果。

```
      0 0 0 0 0 0 1 1
  ^   0 0 0 0 0 1 0 1
    ———————————————————
      0 0 0 0 0 1 1 0
```

异或运算的本质是比较两个运算分量相应位的值是否相异，相异的为 1，否则为 0。按位异或运算的典型用法是将一个位串中的某几位取反。例如，欲将整型变量 j 的最右边 4 位取反，可用逻辑异或运算 017^j 实现，即原来为 1 的位变为 0，原来为 0 的位变为 1。

4．按位取反运算符（~）

按位取反运算是单目运算，是将一个位串按位取反，即将原串中的 0 变为 1，1 变为 0。例如，~7 的结果为 0xfff8。

取反运算常用来将系统二进制数的指定位转换成确定常数 0 或 1。例如要将变量 x 的最低 6 位置为 0，其余位保持不变，可用代码 x = x & ~077 实现，以上代码与整数 x 用 2 个字节还是用 4 个字节实现无关。

当两个长度不同的数据进行位运算时，需要将两个运算分量的右端对齐，如果短的数为正数，高位用 0 补满；如果短的数为负数，高位用 1 补满；如果短的为无符号整数，则高位总是用 0 补满。

5．左移运算符（<<）

移位运算是双目运算，有两个运算分量，左分量为移位数据对象，右分量为移位位数。移位运算将左运算分量视作由二进位组成的位串，对其作向左或向右移位，得到新的位串。

移位运算符的优先级低于算术运算符，高于关系运算符，其结合方向是自左至右。左移运算将一个位串向左移动指定的位，右端空出的位用 0 补齐，例如，014<<2 的结果为 060，即 48。

左移时，空出的右端用 0 补齐，左端移出的位被丢弃。在二进制数运算中，在数据没有因移动而丢失的情况下，每左移 1 位相当于乘 2，例如，4<<2 的结果为 16。

6．右移运算符（>>）

右移运算是将一个位串向右移指定位的运算，右端移出的位被丢弃。例如，12>>2 的结果为 3。与左移相反，每右移 1 位，相当于除以 2。在右移时，需要注意符号位问题。对无符号数，右移时，左端空出的位用 0 补齐。对于有符号数，如果移位前符号位为 0（正数），则左端也用 0 补齐；如果移位前符号位为 1（负数），则左端用 0 或用 1 补齐（取决于计算机系统）。对于负数右移，称用 0 补齐的系统为"逻辑右移系统"，用 1 补齐的系统为"算术右移系统"。以下代码能说明读者上机的系统所采用的右移方法：

```
printf("%d\n\n\n", -2>>4);
```

若输出结果为-1，是采用算术右移，VC 6.0 系统是算术右移；输出结果为一个大整数，则为逻辑右移。

移位运算与位运算结合能实现许多与位串运算有关的复杂计算。

9.2 十进制转换为 R 进制数

9.2.1 案例

【例 9-2】 将十进制正整数转换为 2～36 进制数。

算法分析：首先确定用"0123456789ABCDEFGHIJKLMNOPQRSTUVWXYZ"表示 2～36 进制数数符的"0,1,2,3,…,35"。由于十进制转换为 2～36 进制的方法是"除基倒取余数"，则根据最大整数值确定需要的二进制数位数，由指针通过内存动态分配或定义数组，确定转换后数符的最低位位置地址，将转换后的数符依次从最低位开始倒序存放组成转换后的数符，并将字符串输出。

具体算法步骤如下：

（1）设定 36 位值所需要的符号空间及变量。

（2）将指针变量指向符号空间的结束位置并设置字符串结束标记。

（3）输入十进制数和需要转换数制的基数。

（4）调用 tobase 函数，返回转换后的字符串。

（5）用 tobase( )函数实现十进制数到 2～36 进制数的转换。

源代码 9-2：
Decimal_to_R.cpp

例 9-2　　　　　　　　　　Decimal_to_R.cpp

```
1   #include <stdio.h>
2   #include <stdlib.h>
3
4   int main()
5   {
6    int base,n;
7    char *ptr;
8    char buf[(sizeof(long) << 3) + 1]; /* 字符符号空间 */
9    char * tobase(int value, int base, char *ptr);
10
11   ptr = buf + sizeof(buf) - 1;        /* 字符指针变量指向符号空间尾部 */
12   *ptr=0;                             /* 字符空间尾部设置结束标记 */
13   printf("Please enter the base:");
14   scanf("%d",&base);
15   printf("Please enter a decimal number: ");
16   scanf("%d",&n);
```

例 9-2   Decimal_to_R.cpp

```
17    ptr=tobase(n, base,ptr);
18     printf("\n 将 %d 转换为 %d 进制数，结果是：%s \n", n,base, ptr);
19     return 0;
20     }
21
22     char * tobase(int value, int base, char *ptr)
23     {
24       char digits[] = "0123456789ABCDEFGHIJKLMNOPQRSTUVWXYZ";
25       if (base < 2 || base > 36)
26       {
27        printf(" base range error!（2→36） \n");
28        exit(0);
29         }
30
31       do
32       {
33        *--ptr = digits[value % base];/* 指针后退实现倒序存放base 进制数字符 */
34         value /= base;
35       }
36       while (value);
37        return ptr;
38     }
```

程序运行结果：

```
Please enter the base:2
Please enter a decimal number: 12345
将 12345 转换为 2 进制数，结果是：11000000111001
```

9.2.2 合理使用指针

指针是 C 语言中很有特色的一个部分，但是使用方法比较复杂，很容易导致一些莫名的错误，比如指针变量没有被赋值，而指向了未定义的内存或者指向错误的地址，这些时候都可能导致程序异常执行或者崩溃，但指针的灵活性使其可以实现很多复杂的操作，如指向指针的指针，指向函数的指针。

在使用指针时，应首先定义指针变量并使其指向某段连续内存空间的某一特定位置，当指针确定位置后，可以根据实际需要移动指针位置，使其实现特定功能，如例 9-2 中的第 11 行、第 33 行。

在例 9-2 中，实现十进制数转换为 r 进制数的基本算法是"除基倒取余数"，如例 9-2 中的第 11 行将指针 ptr 指向数组 buf 的最后位置，通过程序中的第 33 行指针 ptr 自减并在指向存储单元中向数组 digits 中赋 r 进制元素值，从而巧妙实现将余数倒置于数组 buf 中的功能。

9.3 学生基本信息管理

9.3.1 案例

【例 9-3】 编写程序实现通过对用户权限管理，实现不同用户对学生基本信息的查询、修改、插入、删除等操作的控制。

模块结构分析：定义学生基本信息的结构体成员及结构数组，即：

```
struct student        /* 学生基本信息结构体*/
{
char code[LEN+1];    /* 学号 */
char name[LEN+1];    /* 姓名 */
int age;             /* 年龄 */
char sex[3];         /* 性别 */
char time[11];       /* 出生年月日 */
char add[30];        /* 家庭地址 */
char tel[12];        /* 电话号码 */
char mail[30];       /* 电子邮件地址 */
}stu[500];
```

1. 主菜单

通过主菜单选择用户类型（如图 9.1 所示），通过密码认证，进入相应用户权限所在范围的操作。

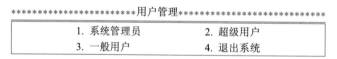

```
***********************用户管理***********************
┌─────────────────────────────────────────────────┐
│        1. 系统管理员          2. 超级用户          │
│        3. 一般用户            4. 退出系统          │
└─────────────────────────────────────────────────┘
```

图 9.1 主菜单

- 系统管理员：具有添加超级用户用户名及密码的权限。
- 超级用户：拥有查询、修改、添加、删除学生信息的权限。
- 一般用户：具有查询学生信息的权限。

2. 系统管理员菜单

选择"主菜单"中的"1. 系统管理员"选项，进入系统管理员菜单（如图 9.2 所示），然后键入用户名：administrator 和密码：#1234567890，进入下一级菜单，通过输入编号进行选择，再根据提示进行输入操作即可。

```
1. 创建用户
2. 退出
```

图 9.2 系统管理员菜单

3. 超级用户菜单

选择"主菜单"中的"2.超级用户"选项，进入超级用户菜单（如图 9.3 所示），然后键入初始用户名：user 和密码：1234567890，进入下一级菜单，通过输入编号进行选择，再根据提示进行输入或进一步选择操作即可。

```
****************************系统功能选择****************************
┌──────────────────────────┐  ┌──────────────────────────┐
│  1. 显示当前库中的学生信息  │  │  2. 查询学生信息           │
│  3. 按学号修改学生信息      │  │  4. 增加学生信息           │
│  5. 按学号删除信息         │  │  6. 退出                  │
└──────────────────────────┘  └──────────────────────────┘
```

图 9.3　超级用户菜单

4. 查询功能菜单

选择"超级用户菜单"中的"2.查询学生信息"选项，进入查询功能菜单（如图 9.4 所示），然后通过输入编号进行选择，再根据提示进行输入或进一步选择操作即可。

```
┌ ─ ─ ─ ─ ─ ─ ─ ─ ─ ─ ─ ─ ─ ─ ┐
    1. 按学号查询
│
    2. 按姓名查询
│
    3. 退出本菜单
└ ─ ─ ─ ─ ─ ─ ─ ─ ─ ─ ─ ─ ─ ─ ┘
```

图 9.4　查询功能菜单

源代码 9-3：
Stu_Sys.cpp

实验素材 9-3：
student.txt
roots.ini
sysadmin.ini

例 9-3　　　　　　　　　　　Stu_Sys.cpp

```cpp
/*    学生基本信息管理    */
#include<stdio.h>
#include<stdlib.h>
#include<conio.h>
#include<string.h>
#define LEN 15
#define STR "%12s%12s%5d%6s%14s%20s%16s%20s\n"
#define STR1 "%s %s%d%s %s %s %s %s"
#define STR2 "%12s%12s%5s%6s%14s%20s%16s%20s\n"
#define STR3 "%s %s %d %s %s %s %s %s\n"
struct student                 /* 结构体 */
{
    char code[LEN+1];          /* 学号 */
    char name[LEN+1];          /* 姓名 */
    int age;                   /* 年龄 */
    char sex[3];               /* 性别 */
    char time[11];             /* 出生年月 */
    char add[30];              /* 家庭地址 */
    char tel[12];              /* 电话号码 */
    char mail[30];             /* 电子邮件地址 */
}stu[500];
```

例 9-3　　　　　　　　　　　　Stu_Sys.cpp

```
22   int n;                        /* 定义全局变量 */
23   void readfile();              /* 函数声明 */
24   void seek();
25   void modify();
26   void insert();
27   void sort();
28   void del();
29   void display();
30   void save();
31   void menu1();
32   void menu2();
33   void dismenu();
34   void mainmenu();
35   void readroot(char *,char *);
36   void rootmenu();
37   int readuser(char user[100][30]);
38   int readuser1(char *,char *);
39
40   int main()
41   {
42       while(1)
43           mainmenu();
44       system("pause");
45       return 0;
46   }
47
48   void readfile()              /* 调出已有信息 */
49   {
50       char *p="student.txt";
51       FILE *fp;
52       int i=0;
53
54       if((fp=fopen("student.txt","r"))==NULL)
55           {
56               printf("初始化数据文件!! \n");
57               system("pause");
58               fp=fopen("student.txt","w");
59               fclose(fp);
60           }
61       else
62       {
63   while(fscanf(fp,STR1,stu[i].code,stu[i].name,&stu[i].age,stu[i].sex,
     stu[i].time,stu[i].add,stu[i].tel, stu[i].mail)==8)
64       i++;
65       fclose(fp);
```

例 9-3	Stu_Sys.cpp

```
66      n=i;
67  }
68  }
69
70  void seek()                        /* 查找 */
71  {
72      int i,item,flag;
73      char s1[LEN+1];
74
75      while(1)
76      {
77              menu2();
78              printf("请选择子菜单编号:");
79              item=0;
80              scanf("%d",&item);
81              while((getchar())!='\n');
82              flag=0;
83              switch(item)
84              {
85          case 1: printf("\t\t请输入要查询学生的学号:");
86                  scanf("%s",s1);
87                  dismenu();
88                  for(i=0;i<n;i++)
89                      if(strcmp(stu[i].code,s1)==0)
90                      {
91                          flag=1;
92                          printf(STR,stu[i].code,stu[i].name,stu[i].age,
                                 stu[i].sex,stu[i].time,stu[i].add,stu[i].tel,
                                 stu[i].mail);
93                      }
94                  if(flag==0)
95                      printf("该学号不存在! \n");
96                  system("pause");
97                  break;
98          case 2: printf("\t\t请输入要查询的学生的姓名:");
99                  scanf("%s",s1);
100                 dismenu();
101                 for(i=0;i<n;i++)
102                     if(strcmp(stu[i].name,s1)==0)
103                     {
104                         flag=1;
105                         printf(STR,stu[i].code,stu[i].name,stu[i].age,
                                 stu[i].sex,stu[i].time,stu[i].add, stu[i].tel,
                                 stu[i].mail);
106                     }
```

例 9-3　　　　　　　　　　　Stu_Sys.cpp

```
107              if(flag==0)    printf("该姓名不存在! \n");
108              system("pause");
109              break;
110          case 3: return;
111      }
112    }
113  }
114
115  void modify()                              /* 修改信息 */
116  {
117      int  i,num;
118      char sex1[3],s1[LEN+1],s2[LEN+1];    /* 以姓名和学号最长长度+1 为准 */
119
120      system("cls");
121      printf("请输入要修改的学生的学号:");
122      scanf("%s",s1);
123      for(i=0;i<n;i++)
124          if(strcmp(stu[i].code,s1)==0) /*比较字符串是否相等*/
125          {
126              num=i;
127              break;
128          }
129      if(i>=n)
130      {
131          printf("\n   查无 %s 此学号! \n",s1);
132          system("pause");
133      }
134      else
135      {
136          dismenu();
137          printf(STR,stu[i].code,stu[i].name,stu[i].age,stu[i].sex,
                 stu[i].time,stu[i].add, stu[i].tel,stu[i].mail);
138          printf("请输入新的姓名:");scanf("%s",s2);strcpy(stu[num].
                 name,s2);
139          printf("\n 请输入新的年龄:");scanf("%d",&stu[num].age);
140          while((getchar())!='\n');
141          printf("\n 请输入新的性别:");scanf("%s",sex1);strcpy
                 (stu[num].sex,sex1);
142          printf("\n 请输入新的出生年月:");scanf("%s",s2);strcpy
                 (stu[num]. time,s2);
143          printf("\n 请输入新的地址:");scanf("%s",s2);strcpy
                 (stu[num].add,s2);
144          printf("\n 请输入新的电话号码:");scanf("%s",s2);strcpy
                 (stu[num].tel,s2);
145          printf("\n 请输入新的 E-mail 地址:");scanf("%s",s2);strcpy
```

例 9-3   Stu_Sys.cpp

```
146            (stu[num].mail,s2);
              dismenu();
147            printf(STR,stu[i].code,stu[i].name,stu[i].age,stu[i].sex,
              stu[i].time,stu[i].add,stu[i].tel,stu[i].mail);
148            system("pause");
149        }
150    }
151
152    void sort()                              /* 按学号排序 */
153    {
154        int i,j;
155        struct student temp;
156        for(i=0;i<n-1;i++)
157            for(j=n-1;j>i;j--)
158                if(strcmp(stu[j-1].code,stu[j].code)>0)
159                {
160                    temp=stu[j-1];
161                    stu[j-1]=stu[j];
162                    stu[j]=temp;
163                }
164    }
165
166    void insert()                            /* 插入函数 */
167    {
168        int j,k=-1,f,m=-1,flag=1;
169        printf("请输入待增加的学生数:");
170        scanf("%d",&m); while((getchar())!='\n');
171        if(m>0)
172        {
173            for(f=1;f<=m;f++)
174            {
175                flag=1;
176                while(flag)
177                {
178                    printf("请输入第 %d 个学生的学号:",f);
179                    scanf("%s",stu[n].code);
180                    for(j=0;j<n;j++)
181                        if(strcmp(stu[n].code,stu[j].code)==0)
182                        {
183                            printf("该学号存在,请检查后重新录入!\n");
184                            flag=0;
185                            break;          /* 如有重复退出该层循环 */
186                        }
187                    if(flag!=0)
188                        break;
```

例 9-3   Stu_Sys.cpp

```
189                }
190              printf("请输入第%d个学生的姓名:",f); scanf("%s",stu[n].name);
191              printf("请输入第%d个学生的年龄:",f); scanf("%d",&stu[n].age);
192              while((getchar())!='\n');
193              printf("请输入第%d个学生的性别:",f); scanf("%s",stu[n].sex);
194              printf("请输入第%d个学生的出生年月(格式:年-月-日):",f);
195              scanf("%s",stu[n].time);
196              printf("请输入第%d个学生的地址:",f); scanf("%s",stu[n].add);
197              printf("请输入第%d个学生的电话:",f); scanf("%s",stu[n].tel);
198              printf("请输入第%d个学生的E-mail:",f);scanf("%s",stu[n].mail);
199              n++;
200            }
201        }
202        sort();
203    }
204
205    void del()
206    {
207        int i,j,flag=0;
208        char s1[LEN+1];
209        printf("请输入要删除学生的学号:");
210        scanf("%s",s1);
211        for(i=0;i<n;i++)
212            if(strcmp(stu[i].code,s1)==0)
213            {
214                flag=1;
215                for(j=i;j<n-1;j++)
216                    stu[j]=stu[j+1];
217            }
218        if(flag==0)
219            printf("该学号不存在! \n");
220        if(flag==1)
221        {
222            printf("删除成功,显示结果请选择菜单\n");
223            n--;
224        }
225    }
226
227    void display()
228    {
229        int i;
230        system("cls");
231        printf("\n\t\t-----------所有学生的信息为------------\n\n\n");
232        dismenu();
233        for(i=0;i<n;i++)
```

例 9-3   Stu_Sys.cpp

```
234          {
235              if((i+1)%25==0) system("pause");
236              printf(STR,stu[i].code,stu[i].name,stu[i].age,stu[i].sex,
                     stu[i].time,stu[i].add, stu[i].tel,stu[i].mail);
237          }
238      system("pause");
239  }
240
241  void save()
242  {
243      int i;
244      FILE *fp;
245      fp=fopen("student.txt","w");              /* 将信息写入文件 */
246      for(i=0;i<n;i++)
247          fprintf(fp,STR3,stu[i].code,stu[i].name,stu[i].age,
                 stu[i].sex,stu[i].time, stu[i].add, stu[i].tel,stu[i].mail);
248      fclose(fp);
249  }
250
251  void menu1()                              /* 操作界面 */
252  {
253      int num=0,k=1;
254      system("cls");
255      printf(" \n\n\n");
256      do{
257          system("cls");
258          num=-1;
259
260          printf("\t\t ***********系统功能选择 *********** \n");
261          printf("\t\t --------------- ----------------- \n");
262          printf("\t\t |1.显示当前库中的学生信息|| 2.查询学生信息 | \n");
263          printf("\t\t |                        ||                | \n");
264          printf("\t\t | 3.按学号修改学生信息 | | 4.增加学生信息    | \n");
265          printf("\t\t |                        ||                | \n");
266          printf("\t\t | 5.按学号删除信息  || 6.退出       | \n");
267          printf("\t\t --------------- ----------------- \n");
268          printf("\n\n\t\t   请选择菜单编号:");
269          scanf("%d",&num);
270          while((getchar())!='\n');
271          switch(num)
272              {
273                  case 1:readfile();display();      break;
274                  case 2:readfile();seek();        break;
275                  case 3:readfile();modify();save();break;
276                  case 4:readfile();insert();save();break;
```

例 9-3   Stu_Sys.cpp

```
277        case 5:readfile();del();save();   break;
278        case 6:k=0;
279      }
280        if(k==0) break;
281   }while(1);
282 }
283
284 void menu2()
285 {
286    system("cls");
287    printf("\t\t**************查询功能选择**************  \n");
288        printf("\t\t ---------------------------------- \n");
289        printf("\t\t |     1.按学号查询         |  \n");
290        printf("\t\t |                          |  \n");
291        printf("\t\t |     2.按姓名查询         |  \n");
292        printf("\t\t |                          |  \n");
293        printf("\t\t |     3.退出本菜单         |  \n");
294        printf("\t\t ---------------------------------- \n");
295 }
296
297 void dismenu()
298 {
299    printf(STR2,"学号","姓名","年龄","性别","出生日期","住址","电话",
    "E-mail");
300    printf("-----------------------------------------------");
301    printf("-------------------------------------\n");
302 }
303
304 void mainmenu()              /*    主界面    */
305 {
306      int num=0,p,k;
307      char root[30],password[30];
308      char user1[30],userpassword1[30];
309
310      system("cls");
311      printf(" \n\n\n ");
312      printf("**************用户管理********** \n\n\n");
313      printf(" ================================  \n");
314      printf(" |                              | \n");
315      printf(" |  1.系统管理员      2.超级用户  | \n");
316      printf(" |                              | \n");
317      printf(" |                              | \n");
318      printf(" |  3.一般用户        4.退出系统  | \n");
319      printf(" |                              | \n");
320      printf(" |_____| \n");
```

例 9-3	Stu_Sys.cpp

```
321        printf("\t\t  请选择菜单编号:");
322        scanf("%d",&num);
323        while((getchar())!='\n');
324
325        switch(num)
326        {
327        case 1: system("cls");
328                printf("\t\t    系统管理员用户名:");
329                gets(root);
330                printf("\t\t    系统管理员密码:");
331                k=0;
332                do
333                {
334                    password[k]=getch();
335                    if(password[k]=='\r'||password[k]==' ')
336                        break;
337                    if(password[k]=='\b')
338                        if(k==0)
339                        {
340                            printf("\a");
341                            continue;
342                        }
343                        else
344                        {
345                            printf("\b \b");
346                            k--;
347                        }
348                    else
349                    {
350                        k=k+1;
351                        printf("*");
352                    }
353                }
354                while(k<29);
355                password[k]='\0';
356                readroot(root,password);//user:administrator
                    password :#1234567890
357                break;
358        case 2: system("cls");
359                k=0;
360                printf("\t\t    用户名:");
361                gets(user1);
362                printf("\t\t    密码:");
363                do
364                {
```

例 9-3   Stu_Sys.cpp

```
365                      userpassword1[k]=getch();
366                      if(userpassword1[k]=='\r'||userpassword1[k]==' ')
367                          break;
368                      if(userpassword1[k]=='\b')
369                          if(k==0)
370                          {
371                              printf("\a");
372                              continue;
373                          }
374                          else
375                          {
376                              printf("\b \b");
377                              k--;
378                          }
379                      else
380                      {
381                          k=k+1;
382                          printf("*");
383                      }
384                  }
385                  while(k<29);
386                  userpassword1[k]=0;
387                  p=readuser1(user1,userpassword1);
388                  if(p==0)
389                      menu1();
390                  else
391                  {
392                      printf("\n用户名或密码错误!! \n");
393                      system("pause");
394                  }
395                  break;
396          case 3:readfile();
397                  display(); break;
398          case 4:exit(0);
399          }
400  }
401
402  void readroot(char *root,char *password)    /* 系统管理员用户信息 */
403  {
404      char *p="roots.ini",c;
405      char root1[30],password1[30];
406      FILE *fp;
407
408      if((fp=fopen(p,"r"))==NULL)
409      {
```

例 9-3	Stu_Sys.cpp

```
410        printf("\n 系统管理员配置错误！需要恢复为初始状态吗？否则退出系统
           （Y/N）:");
411        c=getchar();
412        if(c=='y'||c=='Y')
413        {
414            fp=fopen(p,"w");
415            fprintf(fp,"%s","administrator",fp);
416            fprintf(fp,"%s","\n");
417            fprintf(fp,"%s","#1234567890",fp);
418            fprintf(fp,"%s","\n");
419            fclose(fp);
420        }
421        else
422            exit(0);
423        }
424        else
425        {
426            fscanf(fp,"%s",root1);
427            fscanf(fp,"%s",password1);
428            if((strcmp(root1,root))!=0 || (strcmp(password1,password))!=0)
429            {
430            printf("\n\n\n\t\t 系统管理员用户名或密码错误！\n 请选择其他操
               作项目！\n");
431            system("pause");
432            mainmenu();
433            }
434            else
435            {
436            printf("\n\n\n\t\t\t 您有权添加超级用户及对应密码!! \n");
437            system("pause");
438            rootmenu();
439            }
440        }
441    }
442
443    void rootmenu( )
444    {
445        int i,id,j,k=0;
446        char user1[30],userpassword[30];
447        char user[100][30];
448        FILE *fp;
449
450        i=readuser(user);
451        do
452        {
```

例 9-3	Stu_Sys.cpp

```cpp
453        system("cls");
454        printf("\n\n\n");
455        printf("\t\t ****************************\n");
456        printf("\t\t *                          *\n");
457        printf("\t\t *          1.创建用户        *\n");
458        printf("\t\t *                          *\n");
459        printf("\t\t *          2.退出           *\n");
460        printf("\t\t *                          *\n");
461        printf("\t\t ****************************\n\n");
462        printf("\t\t 请选择：");
463        while((scanf("%d",&id))!=1)
464        {
465            printf("选择错误，请重新选择:");
466            while((getchar())!='\n');
467        }
468        while((getchar())!='\n');
469        }
470        while(id>2||id<1);
471
472        switch(id)
473        {
474            case 1:printf("\t\t     请输入用户名：");
475                gets(user1);
476                for(j=0;j<i;j++)
477                    if(strcmp(user1,user[j])==0)
478                    {
479                        printf("\n\t\t    用户名已存在! \n");
480                        system("pause");
481                        break;
482                    }
483                if(j>=i)
484                {
485                    printf("\t\t    请输入密码：");
486                    do
487                    {
488                        userpassword[k]=getch();
489                        if(userpassword[k]=='\r'||userpassword[k]==' ')
490                            break;
491                        if(userpassword[k]=='\b')
492                            if(k==0)
493                            {
494                                printf("\a");              // 响铃
495                                continue;
496                            }
497                            else
```

例 9-3	Stu_Sys.cpp

```
498                         {
499                             printf("\b \b");
500                             k--;
501                         }
502                     else
503                     {
504                         k=k+1;
505                         printf("*");
506                     }
507                 }while(k<29);
508                 userpassword[k]='\0';
509                 fp=fopen("sysadmin.ini","a");
510                 fputs(user1,fp);
511                 fputs(" ",fp);
512                 fputs(userpassword,fp);
513                 fputs("\n",fp);
514                 fclose(fp);
515             }
516         case 2:  mainmenu();
517     }
518 }
519
520 int readuser(char user[100][30] )          /* 调出用户名与密码信息 */
521 {
522     char *p="sysadmin.ini";
523     char userpassword[30];
524     FILE *fp;
525     int i=0;
526
527     if((fp=fopen(p,"r"))==NULL)
528     {
529         printf("\n用户系统配置文件丢失！恢复系统用户库！\n");
530         system("pause");
531         fp=fopen(p,"w");
532         fprintf(fp,"%s","user");
533         fprintf(fp,"%s"," ");
534         fprintf(fp,"%s","1234567890\n");
535         fclose(fp);
536     }
537     else
538         while(!feof(fp))
539         {
540             fscanf(fp,"%s",user[i]);
541             fscanf(fp,"%s",userpassword);
542             i++;
```

例 9-3	Stu_Sys.cpp

```
543            }
544            fclose(fp);
545            return i;
546    }
547
548    int readuser1(char user1[30],char userpassword1[30])
549    {
550            FILE *fp;
551            char user[30],password[30];
552
553            if((fp=fopen("sysadmin.ini","r"))==NULL)
554            {
555                printf("\n用户系统配置文件丢失！恢复系统用户库！\n");
556                system("pause");
557                fp=fopen("sysadmin.ini","w");
558                fprintf(fp,"%s","user");
559                fprintf(fp,"%s"," ");
560                fprintf(fp,"%s","1234567890\n");
561                fclose(fp);
562            }
563            else
564                while(!feof(fp))
565                {
566                fscanf(fp,"%s",user);
567                fscanf(fp,"%s",password);
568                if((strcmp(user1,user)==0)&&(strcmp(userpassword1,
                   password)==0)  )
569                    {
570                        fclose(fp);
571                        return 0;
572                    }
573            }
574        fclose(fp);
575        return 1;
576    }
```

9.3.2 多函数间信息交换的问题

1. 多函数间信息传递

在一个由多函数组成的 C 程序中，各函数间信息交换通过函数调用或全局变量实现，如例 9-3 中的第 21、22 行定义的全局变量 stu 和 n，用于存储学生信息和人数。

在例 9-3 中，学生信息和人数是最基本和核心的参数，如果在例 9-3 中函数间通过传地址和传值的方式传递 stu 和 n，则各函数间调用时几乎都需要带这两个参数，为简化调用关系，例 9-3 中选择使用全局变量实现信息交换。

在更复杂的程序设计中，需要多人合作完成，函数数量、函数内使用的变量名多，选择全局变量实现各函数间的信息交换，可能会由于对变量的命名或书写问题，导致程序出现意想不到的错误或混乱，因此，在中大型程序设计中，为了避免出现不必要的问题，要求所有函数内部使用局部变量，禁止使用全局变量。

2．函数声明

根据 C 语言在函数调用时对被调用函数的要求，被调用函数在调用前应预先定义并声明其函数类型，如果被调用函数定义在调用函数前，调用时可以不声明被调用函数的类型。

在由多个函数组成的 C 程序中，函数间相互调用比较复杂，实现函数预先定义容易，但要在调用前先声明函数类型就相对有困难，最简单且高效的解决办法是，将所有函数的类型声明依次放在程序最前面，即采用全局声明方式，如例 9-3 中的第 21～36 行。

3．常用常量字符串的宏处理

在一个函数或多个函数中，如果多次使用同一个字符串，或者某字符串比较复杂，可以将该字符串常量用宏定义方式预先定义为另一个简单的宏名，便于后续在程序中使用。如例 9-3 中的第 6～10 行，用 LEN、STR、STR1、STR2、STR3 在 C 程序中分别代表：

```
LEN→15
STR→"%12s%12s%5d%6s%14s%20s%16s%20s\n"
STR1→"%s %s%d%s %s %s %s %s"
STR2→"%12s%12s%5s%6s%14s%20s%16s%20s\n"
STR3→"%s %s %d %s %s %s %s %s\n"
```

这种处理方式便于程序的统一修改，避免出现不必要错误，同时简化编程。

4．多余和错误输入的处理

程序在执行时通过键盘或文件输入信息来控制或指挥程序的执行过程或方向选择。C 程序的输入数据首先存放在计算机内存缓冲区中，在每个数据输入后通过"Enter"键确认输入结果后，程序才从缓冲区中读取数据，等缓冲区的数据读取完后再接收下一次输入数据。

如有以下程序段：

```
long i = 0;
while(scanf("%ld",&i)!=1)
{
    printf("Input errors, please input again:");
}
printf("i=%ld\n",i);
```

仔细查看这段代码，似乎没有任何问题，用于实现从键盘输入一个整数，如果 i 正确地接收到数据，则跳出 while 循环，并输出接收到的数字，否则输出"Input errors, please input again:"的提示信息，并要求用户再次输入一个数字，直到接收到一个整数为止。

如果用户输入的不是一个整数，或者输入中有整数但包含一些非数字的字符，这时问题就出现了，程序将不断输出"Input errors, please input again:"，导致用户无法再输入一个整数。

出现这个问题的原因是，scanf 如果没有接收到所需类型的数据时，并不会清空缓存，以上代码在运行后，当输入一个字符串时，由于 scanf 需要一个整型数据，而当前输入缓冲中的数据并不是一个整型数据，那么 scanf 会直接退出，并返回 0，表示读到 0 个数，同时不会改为输入缓冲，这样在输出"Input errors, please input again:"后，会进入到下一轮的循环中，这时由于输入缓冲中还有数据，scanf 不会阻塞，而是直接返回 0，使得循环一直运行下去，而不可能因为用户的再次输入退出循环而出现无限循环现象。

解决这个问题的最直接的办法就是在读完数据之后清空输入缓冲区，然后等待用户下一次输入，可将上述程序段改写为：

```
long i = 0;
char c;
while(scanf("%ld",&i)!=1)
{
    printf("Input errors, please input again:");
    while((c=getchar())!='\n');
}
printf("i=%ld\n",i);
```

上述解决办法对应例 9-3 中的第 81 行、140 行、170 行、192 行、270 行、323 行、466 行、468 行。

5．实现密码输入回显星号"*"

程序中，采用用户名结合密码限制用户权限，需要输入用户密码，而密码输入时不能在屏幕明码显示。在 C 语言中，除了 getch( )函数大部分输入函数都会在屏幕回显从键盘输入的符号，因此不适合于密码输入，如 getchar( )、scanf( )、gets( ) 等，因此例 9-3 中使用 getch( )函数。

利用 getch( )函数不回显的特性输入密码时，为了解输入密码符号的个数，每输入一个密码符号，对应输出一个"*"，如以下程序段可以实现输入字符以"*"形式显示。

```
char a[10]={NULL};
        int i=0;
        do
        {
            a[i]=getch();
            if(i>=9||a[i]=='\r')
                break;
            printf("*");
            i++;
```

```
        }
        while(1);
    puts(a);
```

因为 getch( )函数既没有回显也没有缓存,可以立即读取用户输入的字符,并且不会在屏幕上显示出来。用户按下回车键时,getchar( )将读取到\n 字符,而 getch( )将读取到\r 字符。

当用户输入密码有误,需要删除密码时,不仅要删除前面的星号(用语句"printf("\b \b")"实现,其中\b 表示退格,输出空格,再退格就能删除前面的星号),即光标后退一位,同时还应该删除字符数组中相应的元素,即将变量 i 减 1。

例 9-3 中的第 332~354 行、第 363~385 行、第 486~507 行三段输入密码程序段,通过对输入字符 userpassword[k]及在数组中的位置 k 进行判断,确定"*"显示的位置和结束密码输入的条件,具体功能实现和步骤如下程序段:

```
do
{
    userpassword[k]=getch();        // 输入密码字符
    if(userpassword[k]=='\r'||userpassword[k]==' ')
                                    // 回车或空格结束密码输入
        break;
    if(userpassword[k]=='\b')       // 删除一个密码字符
        if(k==0)                    // 无任何密码字符
        {
            printf("\a");           // 响铃
            continue;
        }
        else
        {
            printf("\b \b");        // 删除一个"*",光标后退一位
            k--;                    // 密码字符删除一个
        }
    else
    {
        k=k+1;                      // 密码字符增加一个
        printf("*");                // 显示一个"*"
    }
}while(k<29);                        // 最多有 29 个密码字符
```

附录 A   常用字符与 ASCII 代码对照表

ASCII 码	字符	ASCII 码	字符	ASCII 码	字符	ASCII 码	字符
0	（null）	32	（space）	64	@	96	`
1	☺	33	!	65	A	97	a
2	☻	34	"	66	B	98	b
3	♥	35	#	67	C	99	c
4	♦	36	$	68	D	100	d
5	♣	37	%	69	E	101	e
6	♠	38	&	70	F	102	f
7	（beep）	39	'	71	G	103	g
8		40	(	72	H	104	h
9	（tab）	41	)	73	I	105	i
10	（line feed）	42	*	74	J	106	j
11	♂	43	+	75	K	107	k
12	♀	44	,	76	L	108	l
13	（carriage return）	45	-	77	M	109	m
14	♫	46	.	78	N	110	n
15	☼	47	/	79	O	111	o
16	►	48	0	80	P	112	p
17	◄	49	1	81	Q	113	q
18	↕	50	2	82	R	114	r
19	‼	51	3	83	S	115	s
20	¶	52	4	84	T	116	t
21	§	53	5	85	U	117	u
22	▬	54	6	86	V	118	v
23	↨	55	7	87	W	119	w
24	↑	56	8	88	X	120	x
25	↓	57	9	89	Y	121	y
26	→	58	:	90	Z	122	z
27	←	59	;	91	[	123	{
28	∟	60	<	92	\	124	|
29	↔	61	=	93	]	125	}
30	▲	62	>	94	^	126	~
31	▼	63	?	95	_	127	⌂

续表

ASCII 码	字符	ASCII 码	字符	ASCII 码	字符	ASCII 码	字符
128	Ç	160	á	192	└	224	α
129	ü	161	í	193	┴	225	ß
130	é	162	ó	194	┬	226	Γ
131	â	163	ú	195	├	227	π
132	ä	164	ñ	196	─	228	Σ
133	à	165	Ñ	197	┼	229	σ
134	å	166	ª	198	╟	230	μ
135	ç	167	º	199	╠	231	τ
136	ê	168	¿	200	╚	232	Φ
137	ë	169	⌐	201	╔	233	Θ
138	è	170	¬	202	╩	234	Ω
139	ï	171	½	203	╦	235	δ
140	î	172	¼	204	╠	236	∞
141	ì	173	¡	205	═	237	φ
142	Ä	174	«	206	╬	238	ε
143	Å	175	»	207	╧	239	∩
144	É	176	░	208	╨	240	≡
145	æ	177	▒	209	╤	241	±
146	Æ	178	▓	210	╥	242	≥
147	ô	179	│	211	╙	243	≤
148	ö	180	┤	212	╘	244	⌠
149	ò	181	╡	213	╒	245	⌡
150	û	182	╢	214	╓	246	÷
151	ù	183	╖	215	╫	247	≈
152	ÿ	184	╕	216	╪	248	°
153	Ö	185	╣	217	┘	249	·
154	Ü	186	║	218	┌	250	•
155	¢	187	╗	219	█	251	√
156	£	188	╝	220	▄	252	ⁿ
157	¥	189	╜	221	▌	253	²
158	Pts	190	╛	222	▐	254	■
159	ƒ	191	┐	223	▀	255	(blank 'FF')

　　ASCII 码大致可以分为 3 个部分。第 1 部分由 0～31 共 32 个字符组成，一般作通信或控制之用，有些字符可显示在屏幕上，有些则无法显示，但能看到其效果（如换行字符）。第 2 部分由 32～127 共 96 个字符组成，这些字符用来表示阿拉伯数字、英文字母大小写以及底线、括号等符号，都可以显示在屏幕上。第 3 部分由 128～255 共 128 个字符组成，一般被称为"扩充字符"，这 128 个扩充字符是由 IBM 制定的，并非标准的 ASCII 码。这些字符是用来表示框线、音标和其他欧洲非英语系的字母。

附录 B　C 语言中的关键字

auto	break	case	char	const
continue	default	do	double	else
enum	extern	float	for	goto
if	int	long	register	return
short	signed	sizeof	static	struct
switch	typedef	union	unsigned	void
volatile	while			

附录 C 运算符的优先级与结合性

优 先 级	运 算 符	含 义	要求运算对象的个数	结合方向
1	( ) [ ] -> .	圆括号 下标运算符 指向结构体成员运算符 结构体成员运算符		自左至右
2	! ~ ++ —— — (类型) * & sizeof	逻辑非运算符 按位取反运算符 自增运算符 自减运算符 负号运算符 类型转换运算符 指针运算符 地址与运算符 长度运算符	1 (单目运算符)	自右至左
3	* / %	乘法运算符 除法运算符 求余运算符	2 (双目运算符)	自左至右
4	+ —	加法运算符 减法运算符	2 (双目运算符)	自左至右
5	<< >>	左移运算符 右移运算符	2 (双目运算符)	自左至右
6	< <= > >=	关系运算符	2 (双目运算符)	自左至右
7	== !=	等于运算符 不等于运算符	2 (双目运算符)	自左至右
8	&	按位与运算符	2 (双目运算符)	自左至右
9	^	按位异或运算符	2 (双目运算符)	自左至右
10	|	按位或运算符	2 (双目运算符)	自左至右
11	&&	逻辑与运算符	2 (双目运算符)	自左至右

续表

优 先 级	运 算 符	含 义	要求运算对象的个数	结合方向
12	||	逻辑或运算符	2 （双目运算符）	自左至右
13	？ ：	条件运算符	3 （三目运算符）	自右至左
14	= += -= *= /= %= >>= <<= &= ^= |=	赋值运算符	2 （双目运算符）	自右至左
15	,	逗号运算符 （顺序求值运算符）		自左至右

说明：

① 同一优先级的运算符优先级别相同，运算次序由结合方向决定，例如，*与 / 具有相同的优先级别，其结合方向为自左至右，因此 3*5/4 的运算次序是先乘后除。– 和 ++ 为同一优先级，结合方向为自右至左，因此 -i++ 相当于 -(i++)。

② 不同的运算符要求有不同的运算对象个数，如 +（加）和 –（减）为双目运算符，要求在运算符两侧各有一个运算对象（如 3+5、8-3 等）。而 ++ 和 –（负号）运算符是一元运算符，只能在运算符的一侧出现一个运算对象（如 -a、i++、--i、(float)i、sizeof(int)、*p 等）。条件运算符是 C 语言中唯一的一个三目运算符，如 x ? a : b。

③ 从表中可以大致归纳出各类运算符的优先级如下：

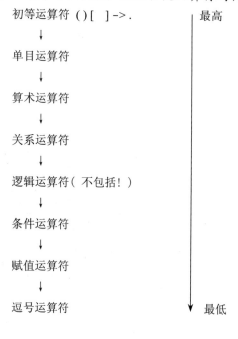

初等运算符 ( ) [ ] -> .   最高

单目运算符

算术运算符

关系运算符

逻辑运算符（不包括 !）

条件运算符

赋值运算符

逗号运算符   最低